Additional material to this book can be downloaded from http://extras.springer.com

ISBN 978-3-662-31349-7 ISBN 978-3-662-31554-5 (eBook)
DOI 10.1007/978-3-662-31554-5

Sonderabdruck aus
„Fortschritte der Landwirtschaft"
I. Jahrgang 1926
Heft 5 bis 8, 11

Aus der Biologischen Reichsanstalt
für Land- und Forstwirtschaft, Zweigstelle Kiel

Methoden zur physiologischen Diagnostik der Kulturpflanzen, dargestellt am Buchweizen*)

Von Dr. F. MERKENSCHLAGER
Privatdozent an der Universität Kiel

Übersicht

---

*) Die Arbeit wurde im Herbst 1925 fertiggestellt.

I. Kritik des Vegetationsversuches

Der Vegetationsversuch wird für die Charakterisierung einer Art immer entscheidend sein. Wenn wir im folgenden eine Reihe von Hilfsmethoden zur pflanzlichen Diagnostik vorschlagen, so bedeutet dies keine Verzichtleistung auf das Hilfsmittel des Vegetationsversuches. Diese Methoden werden ausdrücklich dem Vegetationsversuch dienstbar gemacht. Daß dieser indessen häufig für sich allein nicht imstande ist unseren Einblick in den Artcharakter der Pflanzen hinreichend zu vertiefen, bedarf nicht der Betonung. Die Zahl der Faktoren, welche an der Herstellung des Endergebnisses beteiligt sind, ist zu groß, als daß die Überlagerung der Faktoren eindeutig erkannt werden könnte. Der Vegetationsversuch bringt oft Verwirrung statt Klärung, wenn nicht eine tiefgehende Kenntnis der Versuchspflanze die Deutung des Versuches unterstützt. Die ernährungsphysiologischen Arbeiten an höheren Pflanzen boten jahrzehntelang bis in die jüngste Zeit immer dasselbe Bild. An die Beschreibung des Versuches und des Versuchsausfalles schlossen sich die — freilich damals sehr notwendigen und auch heute noch unentbehrlichen — Analysentabellen. Zu häufig wurden indessen die Argumente zur Deutung des Vegetationsversuches aus der Analyse eines toten Materials geholt. In vielen Fällen lag die Unbrauchbarkeit dieser Argumentation auf der Hand. So stand man z. B. vor einem Rätsel, als der Kalkgehalt normaler, auf kalkarmen Böden erwachsener Pflanzen, die auf Kalkböden sich als kalkscheu erwiesen hätten, außerordentlich hohe Werte aufwies. In dem Maße, in dem die Kolloidchemie in die Fragestellungen der Physiologie eindrang, mußten sich die Bedenken gegen Rückschlüsse aus Totem zum ehedem Lebenden häufen. Die lebende Substanz ist an einen bestimmten Zustand gebunden. Über diesen Zustand sagt die Analyse eines toten Gewebes nichts mehr aus. Und doch muß zugegeben werden, daß bisweilen erst die Analyse den kolloiden Zustand eines gewissen Entwicklungsstadiums unserer Vorstellung rekonstruierbar macht. Und so machen die Vorschläge, die ich zu machen habe, weder Vegetationsversuch noch Analyse überflüssig, sie schieben eine große Reihe von kurzfristigen Experimenten am lebenden Objekt ein. Die ersten der hier beschriebenen Buchweizenexperimente wurden voraussetzungslos angestellt und durchgeführt. Die Voraussetzungslosigkeit nahm späterhin in dem Maße ab, in dem der erweiterte Einblick in die Physiologie des

Buchweizens zu schärfer formulierten Fragen drängte. Die „Spezielle Buchweizenliteratur" wurde zunächst bewußt außer acht gelassen und erst später an die Fragen herangeführt, wie es die Anlage der Abhandlung zeigt. Bei dieser Art des Vorgehens kamen mir die Erfahrungen zugute, die ich im Laufe der letzten sechs Jahre als Mitarbeiter bei der monographischen Behandlung zweier Kulturpflanzen (Sinapis alba und Lupinus luteus) sammelte. Würde es sich in dieser Schrift um eine rassengeschichtlich präziser differenzierte Art handeln, so würde der Diagnose ein Überblick über die genetischen Zusammenhänge vorausgehen müssen. Die hier beschriebenen Versuche wurden ausnahmslos mit einem 1923 von der Bayrischen Landessaatzuchtanstalt Weihenstephan in dankenswerter Weise zur Verfügung gestellten Saatgut angestellt.

II. Versuchsergebnisse

1. Die experimentell-morphologischen Proben

Die Entlehnung von Methoden aus der (besonders in der GOEBELschen Schule gepflegten) „Experimentellen Morphologie" für die Ernährungsphysiologie der Kulturpflanzen ist in den letzten Jahren mehrfach deutlich erkennbar geworden. Diese Übernahme wurde nicht durch eine bestimmte Arbeit inauguriert, fast gleichzeitig griffen mehrere Autoren unabhängig voneinander zu dem Rüstzeug der „Experimentellen Morphologie". Am sichtbarsten gelangte dieses neue Hilfsmittel in der Arbeit von E. HILTNER[1]) über den Hafer zum Ausdruck. Für das Studium der Korrelationen und Regenerationen unserer Kulturpflanzen bei verschiedenen Außenbedingungen ergibt sich noch ein weites Feld.

Läßt man beim Buchweizen nur die Keimblätter wachsen und unterdrückt ständig die Laubblattbildung, so erreichen, wie bei den meisten (nicht bei allen) dikotylen Gewächsen, die Kotyledonen eine ansehnliche Größe. Dabei ist es gleichgültig, ob wir Sandböden (mit pH 6·0) oder Kalkböden (55% $CaCO_3$, pH 7·15) nehmen. Die Vergrößerung hält in beiden Fällen (bei normaler Wasserzufuhr) gleichen Schritt. Die Konsistenz der Lappen ist gleichheitlich. Bei Verwendung von Böden mit sehr hoher Acidität erfolgt die Flächenzunahme langsamer und wird unterbrochen durch einsinkende Gewebepartien. Die Dekapitation des Buchweizens auf verschiedenem Substrat läßt ganz andere Bilder entstehen als die Dekapitation der gelben Lupine (*L. luteus*) auf demselben Substrat. Hier erreichen auf den Kalkböden die Keimblätter nicht die Größe wie auf Sandböden und zeigen dem Tastgefühl der Finger eine veränderte Konsistenz an. Da beide Pflanzen als „kalkfeindliche“ Pflanzen häufig nebeneinander genannt werden, verdient dieses verschiedene Verhalten der Keimblätter Beachtung.

Die Dunkelprobe. Das morphologische Keimbild der Pflanzen bei Lichtabschluß (Etiolement) gibt häufig Fingerzeige zur Deutung gewisser Erscheinungen. Die Betrachtung eines etiolierten Lupinenkeimlings führte zur Betonung des Verhältnisses der Eiweißstoffe zu den Kohlehydraten in Lupinensamen und warf damit neue Streiflichter auf die physiologische Sonderstellung der Lupine. Durch die Dunkelprobe wird mit der Entfaltung der Keimblätter die völlige Erschöpfung des Keimlings herbeigeführt. Eine darauffolgende Belichtung kommt beim Buchweizen zu spät. Der zentralgelegene Keim, der wachsend das Endosperm gewissermaßen vor sich herschiebt, verliert unvermittelt seine Reserven. Der Stoffbedarf des ersten Laubblattes muß bereits aus der Assimilation der Kotyledonen gedeckt werden. Das ist der Grund, warum der zeitweilige Lichtentzug auf den Buchweizen so sehr nachteilig wirkt. Die etiolierende Lupine stellt das Wachstum lediglich aus Mangel an Kohlehydraten ein, alle anderen Stoffe sind noch verfügbar. Ins Licht verbracht, beginnt sie langsam wieder mit dem Wachstum. Die hypogäisch keimende Vicia faba gewinnt, nach längerem Etiolement ans Licht gebracht, rasch ihr normales Aussehen wieder. Von der Belichtung bis zum Ergrünen der Keimblätter, bzw. der Blätter verstreicht bei Vicia und Fagopyrum gleich viel Zeit. Das Hypokotyl etiolierender Buchweizen erreicht eine erhebliche Länge (bis zu 16 *cm*). Die bräunlichen Keimblätter bleiben gefaltet. Die Buchweizenkeimlinge bleiben im Dunkeln völlig anthozyanfrei und röten sich etwa 10 Stunden nach der Belichtung*).

---

*) Zur Rotfärbung ist nur schwaches, aber doch intensiveres Licht nötig als zur Chlorophyllbildung. Bei einer Temperatur von 6 bis 7° C geht die Pigmentbildung rasch vor sich. Weder das gelbe noch das blaue Licht führen zur Pigmentbildung. Es ist stets unzerlegtes weißes Licht nötig, wie Versuche hinter Farbstofflösungen zeigen. Das Licht ist nur zur Bildung eines farblosen Chromogens notwendig, aus welchen auch im Dunkeln der rote Farbstoff hervorgehen kann. (Nach BATALIN, Acta horti petropolitani 1879, der die Versuche an Buchweizen anstellte.)

Von der Entfaltung der Keimblätter bis zur Entfaltung des ersten Laubblattes verstreichen beim Buchweizen 5—6 Tage. Dieser Stillstand hängt mit der Erschöpfung der Reservestoffe zusammen. Diese Erschöpfung ist wohl eine der Ursachen, warum beim Buchweizen eine größere Saattiefe sich fühlbar macht, trotzdem der Buchweizensame ursprünglich über verhältnismäßig ansehnliche Kohlehydratmengen verfügt und trotzdem der Buchweizensame selbst unter Wasser zu keimen imstande ist.

Keimversuche in verschiedenen Saattiefen

Keimzahlen (zu 6 Samen)

Saattiefe in *cm*	5. Tag	6. Tag	7. Tag	8. Tag	9. Tag
8	—	—	—	—	1
6	—	—	—	2	2
4	—	—	1	1	1
3	1	1	2	1	—
2	4	2	—	—	—
1	5	—	—	—	—

Experimentelle Beeinflussung des Wurzelbildes („Kompensation“ der Wurzel)

Die geringere Wurzelentwicklung des Buchweizens hat schon lange die Beachtung der Autoren hervorgerufen. Gewisse, später zu erörternde Erscheinungen wurden mit dieser spärlichen Wurzelausbreitung in Verbindung gebracht. So sollen gewisse zugeführte Salze dem Wurzelbereich des Buchweizens rasch durch Auswaschung entzogen werden, woraus sich die mangelhafte Reaktion des Buchweizens auf die Zufuhr dieser Salze erkläre. Wir werden später zu diesen Fragen Stellung nehmen. Hier interessiert uns die experimentelle Beeinflussung des Wurzelbildes. Die Buchweizenhauptwurzel hat in daraufhin beobachteten Versuchen in leicht humosen sandigen Böden von pH 6 (Kulturversuche in großen Töpfen) bei einer Sproßhöhe von 43 *cm* eine Tiefe von 7·9 *cm* erreicht (Mittel von 12 Pflanzen). Waren der

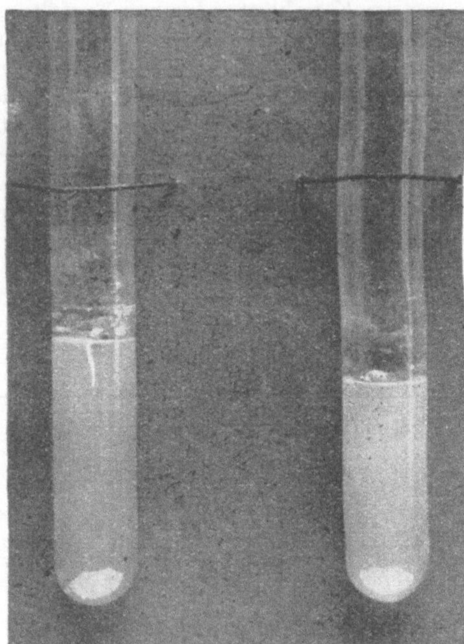

Abb. 1. Keimung auf Agar
links Buchweizen, rechts Weizen

Erde 3% kohlensaurer Kalk beigemischt worden, so sank die Sproßhöhe auf *38·5 im* Durchschnitt, die Hauptwurzel indessen erreichte eine Tiefe von 8·7 *cm* (Mittel von 12 Pflanzen). Die Wasserversorgung wurde stets normal gehalten, ihre Rationierung würde nach allem, was spätere Versuche zeigen, die Erscheinungen völlig *verschoben* haben. Das Wurzelbild von Lupinus hätte nach diesen Kalkgaben auch bei normaler Wasserzufuhr einen unverkennbar pathologischen Ausdruck angenommen. Die Längenzunahme der Wurzeln und Seitenwurzeln bei Kalkgaben wurde als „Kompensation" schon öfter beschrieben. Ich übernehme den Ausdruck Kompensation für die beschriebenen Erscheinungen beim Buchweizen ohne Übernahme einer teleologischen Vorstellung. Denn eine Tendenz zum „Faden"wachstum wird nicht nur durch Kalksalze hervorgerufen, auch von Anionen (NO_3-Ionen) wird Ähnliches berichtet.

Befund: Unterbrechungen der normalen physiologischen Entwicklung in ihren Folgeerscheinungen auf verschiedenem Substrat verglichen, haben beim Buchweizen Bilder zur Folge, die nicht in Einklang mit den bei Lupinus auftretenden Bildern zu bringen sind.

2. Die Agarprobe

Samen von Buchweizen und Weizen werden in Sublimatwasser (1 : 1000) sterilisiert, mit steriler Pinzette in

heißem Wasser von 56° abgespült und einzeln auf Mannitagar (alkalisch mit Erdextrakt) in Reagenzröhrchen zur Keimung ausgelegt. Zu gleicher Zeit werden Buchweizen- und Weizensamen in ein normales Keimbett gebracht. Die Keimzeiten der vier Gruppen laufen nicht gleichsinnig. Die Reihenfolge ist:

Weizen im normalen Keimbett
Buchweizen im normalen Keimbett
Buchweizen auf Mannitagar
Weizen auf Mannitagar.

Und zwar ist der Vorsprung der Buchweizenkeimung auf Agar vor der Weizenkeimung auf Agar außerordentlich

Abb. 2. Keimung auf Gelatine
die vorderen 3 Keimlinge Buchweizen, die hinteren Weizen

bedeutend (Abb. 1). Dieser Vorsprung in der Keimung ist durch Verwendung von ziemlich eingetrockneter Gelatine (der Grad der Eintrocknung von älterer Gelatine ist in den Erdenmeyerkolben an der Glaswand deutlich zu sehen) noch augenfälliger zu machen (Abb. 2). Eine Erklärung finde ich nur in der erhöhten osmotischen Leistung der Zellen des Buchweizensamens, welche eine erhebliche Wassersaugkraft entwickelt („Die Saugkraft der Zellen ist gleich der Saugkraft des Inhaltes, vermindert um den Zellwanddruck").

Osmotische Werte von ungewöhnlicher Höhe sind bekanntlich bei Wüstenpflanzen[4]) nachgewiesen worden, die noch aus staubtrockenem Boden Wasser aufzunehmen vermögen (Zugkraft von mehr als 100 Atmosphären!). Ebenso ist bekannt, daß Salzpflanzen und Schimmelpilze einen hochkonzentrierten Zellsaft besitzen und über eine große Saugkraft verfügen.

Die voraussetzungslos durchgeführte Agarprobe brachte einen wertvollen Wegweiser zur Diagnostik des Buchweizens. Sie gab Veranlassung, die Saugkraft des Buchweizens und deren Nachlassen ständig zu beobachten und lenkte so das Augenmerk auf Zusammenhänge, die, wie wir später sehen werden, für die Charakteristik der Buchweizenpflanze von außerordentlicher Wichtigkeit sind.

Welche Samenstoffe als die osmotisch wirksamen Substanzen anzusehen sind, darüber kann ich nichts aussagen. Der Buchweizensame ist nicht einmal als aschereich zu bezeichnen, auch der Gehalt an Sacharose ist nicht besonders hoch (1—2%). Jedenfalls habe ich mich von der hohen Saugkraft des Samens und vor allem des Keimlings wiederholt überzeugt. Diese Saugkraft ist wohl ein altes Familienerbstück der Polygonaceae und mag sich in der Gattung Fagopyrum, der der Buchweizen angehört, noch befestigt haben (Pflanzen trockener Standorte).

In der Reihe, die BOURCHADAT vor 80 Jahren aufstellte und welche die Fähigkeit der einzelnen Polygonazeenarten, auf trockenen Böden zu wachsen, in aufsteigender Linie demonstrieren soll (allerdings auf recht gefährlichen Umwegen), zeigt sich Fagopyrum außerordentlich trockenheitsliebend. BOURCHADAT[5]) zählte die Tage, welche die einzelnen Arten bei gleicher Behandlung zur Bildung von Adventivwurzeln brauchte, wobei er von der benötigten Zeit auf die Ökologie der Art zurückschloß.

Die Adventivwurzelbildung erfolgte bei:

Polygonum	tinctorium . . .	in	6	Tagen
,,	persicaria . . .	,,	8	,,
,,	orientale . . .	,,	10	,,
,,	bistorta	,,	16	,,
,,	cymosum . . .	,,	32	,,
,,	fagopyrum . . .	,,	38	,,
,,	virginiacum . .	,,	41	,,

Die später zu betonende Tatsache, daß Polygonum persicaria sich stets als Unkraut auf typischen Buchweizenfeldern aufhält, warnt vor Rückschlüssen des BOURCHADATschen Befundes auf die Ökologie.

Befund: Die sterile Aufzucht in Agar-Agar macht bei Fagopyrum auf die Leichtigkeit aufmerksam, mit der der Same zu keimen vermag. Der Keimungsabstand zwischen Weizen und Buchweizen (im normalen Keimbett ist der Weizen in Vorderhand) wird in Agar umgekehrt. Sehr deutlich kommt diese Umkehrung auch in stark eingetrockneter Gelatine zum Ausdruck. Im Buchweizensamen muß der Sitz hoher osmotischer Saugkräfte postuliert werden.

3. Das Wachstum auf Boden verschiedener Reaktion

Der Buchweizen gilt als säureempfindliche Pflanze (6, S. 27). Es geht nicht an, bei einer Pflanze, deren Wachstumsoptimum nahe beim Neutralpunkt oder schon jenseits im alkalischen Gebiet, deren Resistenz gegen Säuren im übrigen außerordentlich hoch ist, die Säureempfindlichkeit mit besonderem Nachdruck zu betonen. Die typischen Buchweizenfelder Norddeutschlands liegen fast ausnahmslos auf der sauren Seite. Doch ist hier sein Nachlassen mit Zunahme der Säure deutlich wahrnehmbar. Der Buchweizen ist eine Pflanze, deren Lebensmöglichkeiten nicht in einen engen Spielraum eingeengt sind. Dieser Spielraum ist weiter, als die Betonung der Säureempfindlichkeit zu Recht besteht. Es gibt Pflanzen, die in saurem Medium bald ihr Wachstum sistieren und früher oder später zugrundegehen (Senf). Zu diesen Pflanzen gehört der Buchweizen nicht. Der Buchweizen läuft auf stark sauren Böden (pH 4·1), auf denen der Senf schon längst vernichtet wäre, ganz gut auf. Wenn der Buchweizen wirklich so säureempfindlich wäre, wie er im Rufe steht, so könnte er unmöglich in einer Nährlösung hochgebracht werden, die eine pH von 5 aufweist (Knop). Der Buchweizen ist eine säurefeste Pflanze mit einem Wachstumoptimum, das im alkalischen Gebiet liegt. Zu den säureempfindlichen Pflanzen würden Weizen und Gerste zählen, die in Kultur nie auf das saure Gebiet zu drängen wären, das den Buchweizen noch zu seinen Kulturpflanzen zählt. Von diesem Gesichtspunkt aus müssen die Berichte über den Erfolg einer alkalischen Düngung beim Buchweizen gewertet werden.

Tabelle von Bischoff[7])

Buchweizen alkalisch	mit N	60—80 *cm*	hoch
	ohne N	30—40 ,,	,,
sauer	mit N	40 ,,	,,
	ohne N	10—20 ,,	,,

Auf die Abbildungen in der Abhandlung von Bischoff und auf das Bild im Lehrbuch von Schneidewind[8]) sei verwiesen.

Befund: Hinsichtlich der Reaktion des Substrates steht dem Buchweizen zur Erhaltung seines Lebens ein weiter Spielraum zur Verfügung. Seinen Lebensmöglichkeiten zieht auch eine stark saure Reaktion keine Grenzen. Doch liegt sein Wachstumsoptimum deutlich in der Nähe des Neutralpunktes, und eine alkalische Düngung sagt ihm mehr zu als eine saure.

4. Die Säureprobe

Viele Verfasser haben hervorgehoben, daß die erhöhte Löslichkeit von Aluminium, welche die Folge einer stark sauren Reaktion ist, die eigentliche Ursache für das Absterben auf der sauren Seite sei. Wie würde sich dann die verschieden heftige Einwirkung verdünnter Säuren auf die Pflanzen erklären lassen? Ich habe zum Zweck der Demonstration der verschiedengradigen Hinfälligkeit vorgeschlagen, Pflanzen verschiedener Arten und gleichen Alters aus dem Substrat herauszunehmen, und in eine verdünnte Säure zu verbringen[9]). Freilich war ich mir auch über die Bedenken, die gegen diese Methode erhoben werden können, klar. Wenn zum Beispiel Gerste in meinen Versuchen in 0·2% Zitronensäure noch 48 Stunden lang Zuwachs zeigt, während Senf und Kresse in kürzester Zeit (schon nach ein paar Stunden) der Säure erliegen, so darf die Gerste nicht als säureresistante Pflanze bezeichnet werden. Was den Senf betrifft, so ist es sehr wahrscheinlich, daß an seinem Zusammenbruch das Anion der Säure entscheidend mitbeteiligt ist. Jedenfalls leben gleichaltrige Pflänzchen verschiedener Arten, die losgelöst in 0·2% Zitronensäure verbracht werden, noch verschieden lang. Die Kruziferen erlahmen immer zuerst. Und was den Buchweizen betrifft, so beginnt sein Erlahmen nach dem Tod der Kruziferen sichtbar zu werden, er verfällt indessen nicht so unvermittelt und schroff dem Tode, sondern er schleppt sich noch viele Stunden lebend weiter. — Buchweizenpflanzen, invers 10 Minuten in eine 0·3%ige Oxalsäure getaucht, gehen nicht plötzlich zugrunde wie Senfpflanzen.

Befund: In 0·2% Zitronensäure nimmt der Verfall des Buchweizens einen viel langsameren Verlauf als der des Senfes, führt dagegen beim Buchweizen rascher zum Zusammenbruch als bei Lupinus.

5. Die Anthozyanprobe

Seitdem das Beispiel von Pulmonaria vom Umschlag des Blütenanthozyans in den Lehrbüchern besprochen wird, ist man geneigt, den Wechsel des Farbstoffes für selbstverständlicher zu finden wie seine Stetigkeit. Und doch

kann die Stetigkeit der Anthozyanfarbe bei Buchweizenpflänzchen, die in Medien verschiedenster Reaktion wachsen, nicht stark genug betont werden. Nicht nur die Stengel der Buchweizenpflänzchen, die in Böden mit pH 4·1, 4·45, 7·1—7·3 lebten, wiesen eine völlig gleichgetönte Anthozyanfarbe auf. Ich habe Buchweizenpflänzchen in acht verschiedenen Nährlösungen von pH 4·8 bis an den Neutralpunkt herauf (Lösungen um den Neutralpunkt sind praktisch alkalisch) gezogen, mit dem einzigen Versuchszweck, die Anthozyanfarbe zu studieren. Die Anthozyanfarbe erwies sich völlig unabhängig von der Reaktion des Nährmediums. Sie zeigte stets das gleiche Rot. Nur wenn starke Salzkonzentrationen (über 5%) zur Verwendung kamen, war eine Tendenz zur Abstumpfung wahrnehmbar. Jede Pflanze verfügt über Mittel, den ihr eigenen Säuregrad festzuhalten. Kappen[10]) hat schon darauf aufmerksam gemacht. Während der Buchweizen auch in alkalischen Medien das leuchtende Rot aufrecht erhält, bleibt die Senfpflanze ebenso hartnäckig bei ihrem lilafarbenen Anthozyan. Wenn das Blut von Mensch und Tier eine ungemein wohlgepufferte Lösung ist, deren Variationen in pH verschwindend gering sind, so ist nicht zu vergessen, daß es sich hier um Organismen handelt, die abgeschlossen sind vom Substrat, auf dem sie leben. Um so mehr muß uns die Regulationsfähigkeit des Pflanzenleibes überraschen.

Befund: Bei Pflanzen, die normalerweise kein Anthozyan führen, pflegt das Auftreten dieses Farbstoffes in der Regel ein pathologisches Zeichen zu sein. Das leuchtend rote Anthozyan des Buchweizens ist ein normales Produkt seines Stoffwechsels und ist der sichtbare Ausdruck eines hohen Säuregrades in den Anthozyan führenden Zellen. Seine, durch pH-Intervalle von 4·1—7·15 unbeeinflußbare Stetigkeit gibt der physiologischen Diagnostik keine Handhabe. Diese Stetigkeit ist ein Beweis dafür, wie schwer der Säuregrad der inneren Pflanze von außen her zu beeinflussen ist. Viel häufiger führen die Vorgänge des Alterns, also innere Ursachen, zum Umschlag des Anthozyans. Ist der durch innere Notwendigkeiten festgelegte Säurestoffwechsel der Pflanzen von außen her aus der Bahn zu drängen, so scheint dies den Verfall der Pflanze zu bedeuten, wie für den Menschen eine bestimmte pH auf alle Fälle durch den Organismus sorgfältig aufrecht erhalten wird und zur Vermeidung des Todes aufrecht erhalten werden muß.

6. Die Wasserkulturproben

Die Beobachtung einer Pflanzenart in ihrem Verhalten zur Wasserkultur ist von hohem diagnostischen Wert. Es ist festzustellen, ob eine generelle Abneigung einer Pflanzenart gegen die Aufzucht im wässerigen Medium besteht, oder ob eine Vorliebe für ein bestimmtes Salzgemisch und eine bestimmte Reaktion sich geltend macht. Es gibt eine Reihe von Kulturpflanzen, welche nur schlecht in Wasserkultur gedeihen. Für Lupinus wurde schon vor Jahren angeraten, die Keimpflanze zunächst in reinem Wasser zu ziehen und sie erst allmählich in eine Nährlösung zu übertragen. Das Verhältnis der Kohlehydrate zu den mineralischen Nährstoffen und zu den Stickstoffsubstanzen ist in der Pflanze von grundlegender Bedeutung. Vom Gehalt an Kohlehydraten oder von der Fähigkeit, sie schnell zu bilden, hängt es ab, ob eine Zufuhr von Stickstoff oder von mineralischen Nährstoffen noch ertragssteigend wirken kann oder nicht. Deswegen ist für die junge Lupine die allmähliche Steigerung der Konzentration von Vorteil, weil dann die Zunahme der Mineralstoffkonzentration mit der Zunahme der assimilatorischen Leistung gleichen Schritt hält. Der Lupinenkeimling ist reich an Amiden, arm aber an Kohlehydraten, und dieser Mangel an Kohlehydraten macht die Lupine gegen eine Verschiebung des „Stoffquotienten" zugunsten der Mineralstoffe in hohem Grade empfindlich[11]).

Es wäre eine dankenswerte Aufgabe, die Ansprüche unserer wichtigsten Kulturpflanzen an die Zusammensetzung, Reaktion und Konzentration der Nährlösungen zu beschreiben. Soviel ist bekannt, daß viele unserer Kulturpflanzen die KNOPsche Lösung bevorzugen, während sich für andere die VAN DER CRONEsche Nährlösung als die beste erwiesen hat. Einige unserer Kulturgewächse trotzen überhaupt der Aufzucht in Wasser, wenn nicht besondere Maßnahmen ergriffen werden (Senf).

Was den Buchweizen betrifft, so ist die Frage, wie er sich gegen eine Aufzucht in Wasser stellt, schon längst beantwortet worden. Der Buchweizen ist schon seit Jahrzehnten wegen seiner Eignung zu Wasserkulturen eine beliebte Demonstrationspflanze. Die Schulbeispiele der Lehrbücher werden in vielen Fällen von dieser Pflanze dargestellt. Die Brauchbarkeit des Buchweizens zu Wasserkulturen wird durch sein rasches Wachstum und seine kurze Vegetationsdauer erhöht. Die Häufigkeit seiner Verwendung ist auch historisch bedingt dadurch, daß NOBBE und SIEGERT von 1862[12]) an in vorbildlich gewordenen Arbeiten verschiedene

Fragen der Wasserkulturen an Buchweizen zu lösen versuchten (Abb. 3).

Auch die andere Frage, für welche Nährlösung der Buchweizen eine Vorliebe zeigt, ist durch Versuche anderer Autoren beantwortet. Nach ihnen bevorzugt der Buch-

Abb. 3. Nobbés Versuche

I bis VIII Kaliversuche, I und Ia Chlorkalium, II ohne Kali, II_3 späterer Zusatz von Chlorkali, III Kali als Nitrat, IV Kali als Sulfat, V als Phosphat, VI Natron statt Kali, VIII Kali + Lithium, IX bis XI Nebenversuche, IX ohne Kalk, X ohne Chlor, XI ohne Stickstoff.

weizen die VAN DER CRONEsche Nährlösung. Nach meinen Versuchen macht sich die Güte des Rezeptes von VAN DER CRONE beim Buchweizen frühzeitig geltend. Pflanzen, die nach achttägiger Vorkeimung in Sand in Nährlösungen übertragen werden, ragen in VAN DER CRONE in weiteren acht Tagen deutlich hervor.

Die Wachstumsunterschiede innerhalb der fünf anderen

verwendeten Nährlösungen zur selben Zeit zu benoten, wäre nicht möglich gewesen (verwendet wurden BRUCH, KNOP, PFEFFER, HANSTEEN-CRANNER mit Kalziumnitrat und HANSTEEN-CRANNER mit Ammonsulfat). Dagegen war es schon bei der Betrachtung der Wasserkulturen, welche zur Beobachtung der Anthozyanfärbung angesetzt waren, aufgefallen, daß in jeder Nährlösung (zwei *Pflanzen* waren immer zu gleicher Zeit in der Lösung) eine ganz bestimmte Lage des Erstlingsblättchens zu verzeichnen war.

Lage und Zustand des Erstlingsblättchens in den verschiedenen Wasserkulturen; Beobachtung am achten Tage nach der Übertragung in Nährlösung, 14 Tage nach dem Auslegen der Samen:

VAN DER CRONE	Blättchen beider Pflanzen voll ausgebreitet.
HANSTEEN-CRANNER mit Ca $(NO_3)_2$	Blättchen nach unten gerollt, bei der einen Pflanze weniger stark.
HANSTEEN-CRANNER mit Ammonsulfat	Beide Blättchen spiegeleben, die Spitzen in beiden Fällen leicht nach oben geschlagen.
KNOP	In beiden Fällen Ränder leicht nach unten gerollt.
BRUCH	Die Blättchen leicht nach unten geschlagen.
PFEFFER	Wie KNOP.

Die rollwidrige und zur Blattebene strebende Tendenz des SO_4-Ions ist schon anderwärts beobachtet worden. Neuerdings machen Vorschläge, die Kartoffeln mit Sulfaten zu düngen, viel von sich reden. Die Neigung, zu „rollen", soll erheblich abgeschwächt werden. Daß das Kaliumsulfat eine weitaus bessere Kaliquelle darstellt als das Chlorid, wird ja schon seit längerer Zeit betont. In neuerer Zeit häufen sich die Berichte über eine günstige Wirkung der schwefelsauren Kalimagnesia[13]).

Nach ARNDT[14]) rollen die mit Chlorrubidium geschädigten Buchweizenpflanzen nach oben ein, die mit Chlorkalium versehenen nach unten.

Jedenfalls müssen zunächst die Ergebnisse der Reizphysiologie abgewartet werden, die eben daran ist, die HOFMEISTERschen Reihen an Hand der pflanzlichen Bewegungserscheinungen zu prüfen. Erst dann können wir die Erfahrungen und Methoden der Reizphysiologie für unsere ernährungsphysiologischen Fragen übernehmen.

Das kritische Stadium des Buchweizenwachstums in Wasserkulturen liegt nach meinen Erfahrungen zwischen der

Entfaltung der Keimblätter und dem Erscheinen des zweiten Laubblattes. Es ist dies die Zeit, in der eine Verschiebung des Stoffquotienten zugunsten der Salze für das Pflänzchen zur Krisis werden kann.

Nobbe und Siegert[15]) beschrieben den Habitus der in Wasserkultur gezogenen Buchweizenpflanzen. Die Zahl der Adventivwurzeln war größer als von Landpflanzen von gleichem Ausbildungsgrad; doch ist bei letzteren in der Regel die Hauptachse der Wurzel stärker entwickelt. Bisweilen entsprangen Adventivwurzeln oberhalb der Kotyledonen, an einer Pflanze sogar oberhalb des ersten Laubblattes. Die Blätter der Wasserbuchweizen zeigten die gleichen reizphysiologischen Erscheinungen wie die der Landbuchweizen (Einrollung der Blätter im Sonnenlicht).

Bei beiden Arten der Aufzucht wurde nicht selten eine Fahlfleckigkeit der Blätter sichtbar, welche manche Blätter vom Rande her entfärbte, nachdem dieselben einen bläulichgelbgrünen Ton durchlaufen hatten. Der Stengel zeigte im allgemeinen eine Tendenz zu überwiegender Streckung auf Kosten der Seitenzweige. Die Maximalhöhe eines Feldbuchweizens war 0·9 *m*, während einige Wasserbuchweizen eine Länge von fast 1·5 *m* erreicht haben. Stengeldurchmesser: Wasserbuchweizen 4 bis 8 *mm*, Gartenpflanzen 5 bis 15 *mm*. Früchte und Blüten normal. Die Wurzeln des Wasserbuchweizens, im Vergleich zum Gartenbuchweizen, sind dünner, zahlreicher verzweigt. Am Stamm mancher Individuen findet man bis hoch hinauf dicht unter dem Knoten regelmäßige Kreise parenchymatischer Wärzchen von bald rundlicher, bald vertikal länglicher Gestalt. Diese Wärzchen sind oftmals den Lentizellen mancher Zweige äußerlich sehr ähnlich.

Die Blattfläche bei Wasserbuchweizen ist fast durchwegs größer.

Vergleich der chemischen Zusammensetzung

	Trocken-substanz	Org. Subst.	Asche	Aschen-prozent
	I. Stammorgane			
Gartenpflanzen	15·98	14·59	1·39	8·2
Wasserpflanzen	2·99	2·44	0·56	18·6
	II. Wurzelorgane			
Gartenpflanzen	1·03	0·96	0·02	6·8
Wasserpflanzen	0·41	0·27	0·05	5·3

Die Kotyledonen sind außerordentlich persistent. An Wasserbuchweizen konnten häufig Blüten und vollkommen frische Keimblätter angetroffen werden in einem Entwicklungsstadium, in welchem an normal in Erde erwachsenen Buchweizen die Kotyledonen längst abgeworfen waren.

Befund: Der Buchweizen wächst, in Wasserkultur genommen, freudig. Das beste Rezept für ihn ist die van der CRONEsche Nährlösung. Der Modus der Haltung des Erstlingsblattes ist für bestimmte Nährlösungen spezifisch.

7. Die Salzkonzentrationsprobe

Die Salzkonzentrationsprobe kann an einer Pflanze erst durchgeführt werden, wenn Klarheit über die von der Pflanze bevorzugte Reaktion des Nährmediums vorliegt. Da die dem Buchweizen erwünschte Reaktion um den Neutralpunkt liegt, wurde die BRUCHsche Nährlösung zur Salzkonzentrationsprobe verwendet. Acht Tage alte Pflänzchen von Sinapis und Fagopyrum gelangten in eine zehnfach konzentrierte BRUCHsche Lösung. Der Senf ging in 13 Tagen zugrunde, der Buchweizen lebte nach 28 Tagen noch. Die Kotyledonen erreichten eine ansehnliche Größe, die Erstlingsblättchen dorrten ab, der Stummel (Hypokotyl, Kotyledonenpaar, Wurzel) blieb am Leben. Die Anthozyanfarbe war matt.

Der Begriff Salzempfindlichkeit ist ein ebenso weiter Begriff wie die „Säureempfindlichkeit". Wir müssen auch hier unterscheiden lernen zwischen der Hemmung, bzw. der Sistierung des Wachstums in hohen Konzentrationen und dem Hinsterben. Der Buchweizen zeigt in hohen Konzentrationen ein außerordentlich zähes Leben ohne abzusterben und ohne weiterzuwachsen. Er verweilt sehr lange Zeit zwischen Tod und Leben. Praktisch genommen läuft dies freilich auf eine Empfindlichkeit gegen größere Salzmengen hinaus.

Gegen eine dreifach konzentrierte HANSTEEN-CRANNERsche Nährlösung zeigt der Buchweizen eine erheblich größere Resistenz als der Senf.

Solange auf die Relativität der Ausdrücke Säureempfindlichkeit oder Salzempfindlichkeit nicht scharf hingewiesen wird und solange nicht eine Präzisierung der mit den Worten verknüpften Vorstellungen eintritt, muß das Charakterbild einer Pflanze, wie es uns aus der Literatur entgegentritt, unsicher und schwankend bleiben. In PFEIFFERS „Vegetationsversuch", also einem außerordentlich kritisch abgefaßten Buch, erscheint uns einmal der Buch-

weizen als ausgesprochen gleichgültig gegen hohe Konzentrationen, das andere Mal als die in dieser Hinsicht empfindlichste unter elf Vergleichspflanzen. Zunächst erinnert PFEIFFER daran, daß NOBBE[16]) den Buchweizen in Konzentrationen bis zu 12% zu ziehen vermochte, dann spricht er an anderer Stelle unter Berufung auf WARNEBOLD[17]) von einer „besonderen Empfindlichkeit" des Buchweizens gegen hohe Konzentrationen. Nach steigender Empfindlichkeit ergab sich in WARNEBOLDs Versuchen: Atriplex, Cucurbita pepo, Datura stramonium, Helianthus, Tropaeolum, Rumex, Phaseolus, Raphanus, Borrago, Fagopyrum esculentum. WARNEBOLD verwendete das WAGNERsche Düngesalz und es müßte erst untersucht werden, ob die Wachstumsdepression nicht etwa der sauren Reaktion des primären Kaliumphosphats zuzuschreiben war. Im übrigen scheint mehr eine Habitusveränderung vorzuliegen, wie man aus der Abbildung WARNEBOLDs glauben möchte. Eine solche Habitusveränderung ist bei Pflanzen physiologischen Charakters nach Art des Buchweizens wohl erklärlich. Dazu ist es wahrscheinlich, daß zwischen Konzentrationserhöhungen und Wasserökonomie gerade für den Buchweizen bestimmte Beziehungen bestehen, auf welche die folgenden Kapitel Licht werfen.

Nach NOBBEs[18]) Versuchen ragen die mittleren Konzentrationen hervor. In der höchstkonzentrierten Lösung von 10 pm zeigt sich ein zahlreiches System unbehaarter Nebenwurzeln, welche zwar kürzer sind als die Nebenwurzeln in den verdünnteren Lösungen, doch nicht in so eminenter Weise abweichen, wie dies bei Gerstenpflanzen der Fall ist.

Ein charakteristisches Moment ist das Auftreten von Salzeffloreszenzen an den Pflanzen der höheren Konzentrationen. Von 2 pm an schwach beginnend, nimmt diese Erscheinung mit der Konzentration in dem Maße zu, daß der Stengel in 10 pm stellenweise mit einer starken, weißen Salzkruste bedeckt ist. Überall prädominiert nach NOBBE beim Buchweizen die Lösung von 5 pm, welche sich für die Gerste als entschieden zu hoch herausgestellt hat. Die Buchweizenpflanze erfordert zu ihrer vollkräftigen Aus-

Wurzellängen nach 27 Tagen
Länge der Wurzeln — *pm* der Nährlösungen

0 pm	1/2 pm	1 pm	2 pm	3 pm	5 pm	10 pm
11	18	22	31	29	27	11

bildung ein höheres Minimum und erträgt ein höheres Maximum mineralischer Nährstoffe in der Lösung als die Gerstenpflanze.

Unbequeme Stoffe vermag der Buchweizen eher abzureagieren als der Senf. Gegen die Folgen einer Hitzesterilisation ist der Buchweizen weniger empfindlich. SCHULZE[19]) hat diese geringere Empfindlichkeit zahlenmäßig festgehalten.

Buchweizen und Senf auf Wiesenböden

	Buchweizen		Senf	
Nicht steril gedüngt, $CaCO_3$ . . .	19·4	100	12·4	100
Steril. 1h bei 125° gedüngt, ohne $CaCO_3$	9·8	51	0·8	6
Steril. 125° 1h gedüngt, mit $CaCO_3$	21·5	111	12·8	103

Krankheitserscheinungen traten in einem Fall in Gestalt weißer Flecken auf den Blättern auf.

Abb. 4. Einfluß der Saattiefe

Ich konnte in bereits veröffentlichten Versuchen zeigen[9]), daß die Hitzesterilisation von Wiesenboden durch extrem hohe Temperaturen (700° im Muffelofen einer Maschinenfabrik) durch eine Veränderung der physikalischen Eigenschaften der ursprünglich bindigen, dem Buchweizen physikalisch nicht zusagenden Wiesenerde ein freudigeres Wachstum des Buchweizens zu erzielen war.

Der Buchweizen unterdrückt die bisweilen ungünstigen Einflüsse des Zyanamids selbst auf Sandböden völlig. Ob diese nur in günstigem Sinne zur Geltung gelangende Wirkung des Zyanamids dem allgemeinen Regulationsvermögen der Buchweizenpflanze zuzuschreiben ist, mag dahingestellt bleiben[20]).

Ich habe schon hervorgehoben, daß das kritische Stadium gegen hohe Salzkonzentrationen in die Zeit fällt, die zwischen dem Aufbrauch der Samenreservestoffe und dem Wirksamwerden der eigenen Photosynthese liegt. Diese Spanne Zeit ist, wie gesagt, gegen eine Verschiebung des Stoffquotienten zugunsten der mineralischen Nährstoffe besonders empfindlich. Diese Tatsache kann durch einen einfachen Versuch demonstriert werden.

Die Abb. 4 zeigt vier Töpfe

Von links nach rechts.

1. Topf unbehandelt 2. Topf Bodenlösung äquivalent mit zweifach BRUCHscher Nährlösung	je 1 *cm* Saattiefe
3. Topf unbehandelt. 4. Topf Bodenlösung äquivalent mit zweifach BRUCHscher Nährlösung	je 4 *cm* Saattiefe

Bei Topf 2 zeigt sich die Wirksamkeit der Düngung im günstigen, bei Topf 4 im ungünstigen Sinne. Das teilweise Etiolement bei Topf 4 hatte den „Stoffquotienten" scharf verschoben. Die von Landwirten mehrfach beobachtete ungünstige Wirkung einer starken Düngung des Buchweizens zur Zeit der Aussaat[6]) mag in Einzelfällen mit den hier beschriebenen Erscheinungen zusammenhängen. Viel wichtiger ist indessen das Nachlassen der Wasseraufnahme in starken Konzentrationen. Auf diesen Gesichtspunkt werden wir später mit Nachdruck hinweisen.

Befund: Das kritische Stadium in hohen Salzkonzentrationen beginnt mit der Entfaltung der Keimblätter. Zu diesem Zeitpunkt macht sich eine Erschöpfung an organischen Stoffen im Keimling fühlbar und macht ihn gegen eine starke Verschiebung des Stoffquotienten zugunsten der Mineralstoffe empfindlich. Im übrigen ist die Lebenszähigkeit des Buchweizens selbst in stärkster Konzentration bemerkenswert. Wir müssen auch hier wie bei der Säureempfindlichkeit die Spanne zwischen dem Todespunkt und der Lage des Optimums wohl berücksichtigen. Dieses Optimum liegt nach NOBBE bei 5 pm, der Tod tritt selbst in 20 pm nur zögernd ein. Die steigende Salzkonzentration wird von einem dumpfen Anthozyanton begleitet.

8. Die Chininprobe

Zahlreiche Kulturpflanzen, die in Berührung mit 0·1% Chininsulfat gebracht werden, erleiden binnen mehrerer Stunden eine mehr oder minder erhebliche Schwärzung gewisser Organkomplexe[21]). Durch das Chininsulfat wird das Enzym Tyrosinase aus seiner Abhängigkeit vom Gesamtgeschehen der Zelle losgelöst, emanzipiert. Aus dem Tyrosin entstehen durch die Tätigkeit des Enzyms hochmolekulare Kondensationsprodukte von dunkler Farbe. Fällt die Chininprobe einer Pflanze positiv aus, so ist in der Diagnose der Pflanze das Vorhandensein eines lebhaften Eiweißstoffwechsels zu betonen. Bei Betakeimlingen und Keimlingen von Vicia faba, die in 0·1% Chininsulfat tauchen, wird an manchen Zellkomplexen eine Schwärzung erzeugt, die lebhaft an die Symptome gewisser Krankheiten erinnert.

Das Chinin braucht nicht tödlich auf die Pflanze zu wirken. Völlig geschwärzte Pflänzchen von Vicia faba erwiesen sich, verpflanzt, zum Weiterwachsen fähig[21a]). Das Auftreten der Schwärzung kann ebenso — allerdings ist dann der Dispersitätsgrad der melanotischen Farbstoffe ein anderer — durch eine Reihe von anderen Stoffen erzwungen werden, indessen ist die Anwendung von Chinin die bequemste Methode und wird als Chininprobe zur Diagnostik der Pflanzen empfohlen.

Die Chininprobe verläuft beim Buchweizen sowohl am Keimling als an der erwachsenen Pflanze völlig negativ. Aufbau und Abbau von Eiweiß nehmen im Stoffwechsel des Buchweizens demnach nicht Dimensionen an, die bei der Diagnostik besonders zu berücksichtigen wären.

Vergleichende Übersicht über den Ausfall der Chininprobe

Positive Chininprobe	Negative Chininprobe
Vicia faba	Acer spec.
Solanum tuberosum	Fagopyrum esculentum
Beta vulgaris	Raphanus sativus
Lupinus angustifolius	Sinapis arvensis
Lupinus luteus	Clematis vitalba
Pirus communis	Syringa persica
Chrysanthemum leucanthemum	Dianthus spec.
Melampyrum arvense	Linum usitatissimum

Befund: Der Ausfall der Chininprobe ist beim Buchweizen in sämtlichen Entwicklungsstadien negativ. Eine positive Chininprobe, d. h. eine durch 0·1% Chininsulfat erzielte Schwärzung von Organen hätte auf einen lebhaften Eiweißstoffwechsel hingewiesen, der bei der Diagnose der Pflanze hätte berücksichtigt werden müssen.

Differential-Diagnostische Tabelle

Tabellarische Übersicht zur vergleichenden Physiologie der Kulturpflanzen

Pflanze (10 Tage-Keimlinge)	Nitratprobe	Oxydation des Eisensulfats durch die Wurzel (nach 1 Stunde)	Braunsteinbildung in $KMnO_4$ (Wurzel nach 5 Minuten)	Silbernitratprobe, Abscheidung metall. Silbers n. wenigen Augenblicken	Chininprobe	Vorhandensein von oxalsaurem Kalk	Guttationsprobe	Lackmusprobe der Keimwurzeln	Säurestoffwechsel im allgemeinen	Festigkeit in 0·2% Zitronensäure	Empfindlichkeit der Samen gegen $CaCl_2$	Gilt die erwachsene Pflanze als kalkempfindlich?	Annahme von eosinsaurem Methylenblau durch die Wurzel	Annahme von Kristallviolett	Gerbstoffreaktion der Keimwurzel
Buchweizen	+++	—	+++	+ unbrauchbar	—	+++	+++	+++	+++	mäßig	gering	ja	+++	+++	+++
Weizen . . .	+	—	+	±	—	+	+++	±	+	ziemI. groß	sehr gering	nein	+	+	+
Lein	++	—	+ (—)	—	—	+	—	±		groß	sehr gering	ja	—	—	—
Lupine . . .	—	—	±	±	++	+ Einzelkristalle	—	+++	+++	groß	sehr stark	ja	wird grün	—	++
Senf	+++	+++	—	+++	—	—	+	—	+ schwach	sehr gering	gering	nein	±	±	
Pferdebohne	++	—	wird stärkstens reduziert	± Rötung	+++	+ Einzelkristalle	—	++	++	sehr groß	gering	nein	Lösung wird entfärbt. Farbe nicht angenommen	Farbstoff wird von den Wurzeln nicht angenommen	

9. Die Prüfung auf Oxalate

Es ist eine der bemerkenswertesten Tatsachen der „Systematischen Pflanzenphysiologie", daß die große Familie der Kruziferen niemals Kristalle von oxalsaurem Kalk führt. In vielen Fällen ist ein gesteigerter Säurestoffwechsel der Ausdruck eines lebhaften Eiweißstoffwechsels. Bei den Leguminosen ist dieser Zusammenhang deutlich zu erkennen. Bei der Lupine (*Lupinus luteus*) wird der Eiweißstoffwechsel vornehmlich von der Zitronensäure begleitet. Das Auftreten von Kristallen von oxalsaurem Kalk ist hier auf eine Etappe gesteigerter Eiweißsynthese im reifenden Samen. Bei Lichtentzug, also beim Eintreten pathologischer Umstände, kommt es zur Oxalatbildung in der etiolierenden Achse[11]).

Wenn der Buchweizen außerordentlich zur Bildung von Kristallen von oxalsaurem Kalk neigt, so kann diese Bildung nicht die Folge eines lebhaften Auf- und Abbaues von Eiweiß sein. Die Kalkoxalatbildung beim Buchweizen steht in mehr oder minder engem Konnex mit der Nitratspeicherung, über die das nächste Kapitel berichten wird.

Die Kruziferen trotzen einem Versuch Oxalatbildung und Nitratspeicherung in Beziehung zu bringen auf das Hartnäckigste. Ein generelles Stoffwechselschema des Pflanzenreichs läßt sich eben nicht aufstellen. Sinapis bildet keine Kristalle von oxalsaurem Kalk. Wenn die Achse dieser Pflanze in eine 1%ige Kalziumnitratlösung gestellt wird, kommt es höchstens zur Bildung von Adventiv-Kalziumkarbonat. Für den Buchweizen hat indessen W. Benecke[22]) auf die Beziehungen der Oxalatbildung zur Nitratzufuhr aufmerksam gemacht. Benecke machte Versuche mit jungen Keimpflänzchen, die dem Freiland entnommen, in Nährlösungen gelangten, welche entweder Salpeter ($Na\,NO_3$) oder Ammoniak $(NH_4)_2\,SO_4$ als Stickstoff enthielten. Die letztgenannten Pflanzen wuchsen zuerst auffallend viel besser, wurden aber bald von den Salpeterpflanzen überholt — eine auch sonst beobachtete, aber noch nicht erklärte Erscheinung. Nach drei Wochen zeigten die ältesten, während des Versuches herangewachsenen Blätter, die schon ziemlich ihre definitive Größe erreicht hatten, sich bei Salpeterernährung voller Kristalle längs der Bündel und im Mesophyll. Die entsprechenden Ammonpflanzen waren noch vollkommen kristallfrei, um erst mit zunehmendem Alter Kristalle zu bilden, allerdings nur mäßig viel Drusen längs der Leitbündel und am Blattrande, während die Blätter der Salpeterpflanzen inzwischen sich ganz gleichmäßig mit vielen großen Drusen und Einzelkristallen angefüllt hatten.

Auch um einen Beitrag zur Frage zu liefern, inwieweit Kalkgehalt des Substrates den Oxalatgehalt ohne Zufuhr anderer Nährsalze beeinflußt, sind nach BENECKE Keimlinge von Fagopyrum sehr geeignet. Während in destilliertem Wasser die Kotyledonen sehr früh zugrunde gingen ohne Kalkoxalat zu bilden, lebten dieselben in Kalklösungen viel länger und füllten sich mit großen Mengen von Drusen, Säulenkomplexen und anderen Formen. Das erste Laubblatt der Pflanze in dest. Wasser zeigte eine kleine Anzahl von Drusen; das entsprechende der Kalkkulturen bedeutend mehr. Es ist also hier durch bloße Kalkzufuhr zu den Keimlingen starke Vermehrung des Gehaltes an oxalsaurem Kalk zu erzielen.

Mikroskopischer Befund: Das Auftreten der Kristalle ist erst mit der Differenzierung des ersten Blattes wahrzunehmen. Der Kristallgehalt nimmt mit dem Alter zu. Im Stengel findet sich oxalsaurer Kalk sowohl in der Rinde als auch im Mark (Drusen und Einzelkristalle). Im Blattstiel finden sich in beträchtlicher Menge Drusen, Einzelkristalle und amorphe Ausscheidungen. Querschnitte durch das Blatt lassen im Schwammparenchym Kristalle der verschiedensten Form erkennen (Drusen, Pyramiden, Säulen, Sphärite, Einzelkristalle). In der Umgebung der Leitbündel, namentlich der größeren, finden sich stets zahlreiche Kristalle, vornehmlich Drusen.

Befund: In den Zellen findet eine starke Ablagerung von Kristallen von oxalsaurem Kalk statt. Die Ablagerung ist durch Zufuhr von Nitraten zu vermehren.

10. Die Prüfung auf Nitrate

Die Tatsache, daß manche Kulturpflanzen selbst auf stark nitrathaltigen Böden niemals salpetersaure Salze in ihrem Innern führen, ist in der Literatur viel zu wenig betont. Ich habe in der Umgebung des fränkischen Dorfes Hauslach, die sich für ökologische Studien trefflich eignet — obermiozäne Süßwasserkalke liegen sporadisch in einer Mächtigkeit bis zu 10 *m* dem Keupersand auf und verleihen der Landschaft einen ganz eigenartigen Charakter — eine Reihe von Pflanzen der Nitratprobe unterworfen.

Auf zwei nebeneinander liegenden Sandäckern gaben: Anchusa officinalis und Ornithopus sativus eine positive, Lupinus luteus eine negative Reaktion. Nachkömmlinge einer (nach mündlichen Berichten wenig üppigen) Buchweizenkultur, die vor einigen Jahren auf einem Sandacker (pH 5·0, Gesamtsäure n/10 5·76) durchgeführt wurde, zeigten eine sehr starke Nitratreaktion. Selbst die alternden Keimblätter erwiesen sich als nitrathaltig. Sarothamnus scoparius und Calluna vulgaris eines benachbarten Kiefernwaldes lieferten eine negative, Blätter von jungen Birken eine positive Reaktion. Auf den kalkhaltigen Äckern des Obermiozäns gaben die Pflanzen Tussilago farfara, Onobrychis sativa, Medicago sativa, Taraxacum officinale, Humulus lupulus stark positive Nitratreaktionen. Eine in einem stark kalkhaltigen, gut gedüngten Garten stehende Lupinus perennis führte keine Nitrate (in demselben Garten mißrät L. luteus wegen des zu hohen Kalkgehaltes, L. perennis gedeiht nach leichter Chlorose im Keimungsstadium ganz vortrefflich).

Drei Pflanzenarten mit negativem Ausfall der Reaktion auf Nitrate gehören unzweifelhaft zu den kalkscheuen Pflanzen. Es sind dies Lupinus luteus, Sarothamnus scoparius und Calluna vulgaris. Diese Tatsache darf für die Frage der Kalkempfindlichkeit nicht zu sehr betont werden, weil einerseits L. perennis, eine nach anfänglichem Zögern außerordentlich kalkstete Pflanze, ebenfalls keine Nitrate führt und anderseits Ornithopus sativus, eine kalkfeindliche Pflanze, eine stark positive Reaktion abgibt. Der Buchweizen gilt als kalkempfindliche Pflanze. Auch im Hinblick auf diese Frage ist der Reichtum unserer Pflanze an Nitraten hervorzuheben.

Befund: Fagopyrum führt in allen Entwicklungsstadien und in allen Organen salpetersaure Salze und tritt auch hier in scharfen Gegensatz zur nitratfreien Lupine.

11. Die Säfteprüfung

Mit Sand zerriebene oberirdische Teile des Buchweizens liefern mit Chlorkalzium und Kalkwasser auch in der Kälte einen erheblichen Niederschlag. Die Ninhydrinprobe ist negativ, Gerbstoffreaktion mächtig. Die Säfte reagieren stark sauer. KAPPEN[10]) hat die Azidität von Säften oberirdischer Teile des Buchweizens bestimmt und beim Buchweizen folgende Zahlen gefunden.

Titrationsazidität		Wasserstoffzahl	
Parzelle 1	Parzelle 2	Parzelle 1	Parzelle 2
10·5	10·1	$7{\cdot}1 \times 10^{-5}$	$5{\cdot}9 \times 10^{-5}$

Die oberirdischen Teile der untersuchten Pflanzen lieferten ausnahmslos Säfte, die eine höhere Titrationsazidität besaßen als die entsprechenden Wurzelsäfte (siehe Kapitel: Die Lackmusprobe der Wurzelausscheidungen). Wasserlösliche Kalksalze sind wenig im Buchweizensaft.

Übersicht von LOEW und ASO[23])

	Ca löslich in		
	Wasser	Essigsäure	Salzsäure
Kartoffeln	0·332	0·875	1·586
Buchweizen	0·056	0·367	1·524
Klee	0·858	0·742	0·489
Gerste	0·438	0·259	Spur

Befund: Die Säfte aller Organe sind stark sauer (sowohl hinsichtlich der Titrationsazidität als auch hinsichtlich der Wasserstoffzahlen).

12. Die Guttationsprobe

Auf die hohen osmotischen Saugkräfte, die der Buchweizensame entwickelt, hat uns die Agarprobe aufmerksam gemacht. Daß diese Saugkräfte ungeschwächt im Keimling fortbestehen, zeigt uns die außerordentlich hohe, merkwürdigerweise in der bisherigen Buchweizenliteratur noch unbetonte Ausscheidung tropfbar flüssigen Wassers durch die Keimblätter*). Der Buchweizenkeimling gleicht einem Pumpwerk von einer unglaublichen Präzision, das auf jede Störung mit einem Nachlassen der Förderung antwortet. Hohe Salzkonzentrationen des Nährmediums führen zu solchen Störungen. In Wasserkulturen sah ich den Keimling nie guttieren. Im folgenden Versuch wurde die Guttation von Pflänzchen in unbehandeltem Sand verglichen mit der Guttation solcher Pflänzchen, die in einer Sandkultur wuchsen, deren Bodenlösung einer vierfachen BRUCHschen Nährlösung äquivalent war. Als Vergleichskeimling wurde Weizen gewählt, dessen Wasserabgabe in Form der Guttation bekanntlich außerordentlich groß ist. Die Versuche wurden in 600 cm^3-Glasstutzen angestellt.

Aus dieser Guttationstabelle ist zu ersehen, daß der Buchweizenkeimling nach Wasserdampfsättigung der Luft rascher tropfbar flüssiges Wasser zutage fördert als der Weizenkeimling. Bei hohen Salzkonzentrationen indessen erlahmt die Saugkraft des Buchweizens eher als die des Weizens. Die Saugkraft und ihr Nachlassen muß eine große

*) Die Reaktion des Guttationstropfens gegen Lackmus ist neutral.

Rolle spielen in der Ökologie des Buchweizens. Ihre Bedeutung muß um so größer sein, als bei einem Versagen des Pumpwerkes, das mit einer Austrocknung des Bodens zusammenfällt, nicht eine Wurzelanlage zur Verfügung steht, die in Tiefen vorgedrungen wäre, welche der Austrocknung widerstehen. Der Buchweizen ist bekanntlich ein Flachwurzler mit unbedeutender Wurzelausbreitung. Das Aussetzen des Pumpwerkes durch hohe Konzentrationen kann durch zwei Ursachen hervorgerufen werden. Einmal setzt der vermehrte Außendruck die Saugkraft der Zellen herab. Dazu kann der Einfluß gewisser Ionen auf die Zellwand kommen. Indem die Ca-Ionen mit den peripheren Lipoidschichten der Zellen Verbindungen eingehen, die in Wasser nicht schwellbar sind, erschweren sie die Wasserversorgung der Pflanze. Nach HANSTEEN-CRANNER[24]) beeinflussen K- und Ca-Ionen stark die Wasserversorgung der Pflanze, und zwar in ganz entgegengesetzter Weise, denn während die K-Ionen die Wasseraufnahme befördern, sind die Ca-Ionen ungünstig, indem sie die Wasseraufnahme erschweren.

Das Nachlassen der Saugkraft von Buchweizensamen in stärkeren Salzlösungen kann wahrscheinlich in Verbindung gebracht werden mit der Erfahrung der Landwirte, daß eine Düngung des Buchweizens zur Saat ungünstige Folgen nach sich ziehen kann*). Es braucht nur eine kurze Trockenperiode einzusetzen, dann fällt den ungedüngten Keimlingen die Wasserversorgung leichter als den gedüngten. Ein einfacher Versuch belehrt uns darüber.

Versuch

Gefäß 1	Reiner Sand	beide normal feucht gehalten
„ 2	Sand mit achtfacher BRUCHscher Nährlösung äquivalent	
„ 3	Reiner Sand	fast trocken gehalten
„ 4	Sand mit vierfacher BRUCHscher Nährlösung äquivalent	

Bei der Keimung verhalten sich Gefäß 1 und 2 viel gleichmäßiger als Gefäß 3 und 4. Im Gefäß 4, das doch ursprünglich die Hälfte der Salzkonzentration von Gefäß 2 führt, bringen es nur einige Samen zur Keimung, während im fast trocken gehaltenen Gefäß 3 alle Samen zur Keimung schreiten. Ein anderer einfacher Versuch wurde auf folgende

*) Herr Inspektor WIESE VON HARDEBEK sagte mir, daß er seine übliche Kalidüngung (1 Ztr. pro Morgen) beim Buchweizen nicht anwende. Er sagte mir auch, daß er Buchweizen am liebsten sät, wenn wochenlang Hitze zu erwarten steht.

Additional information of this book

(Methoden zur Physiologisschen Diagnostik der Kulturpflanzen; 978-3-662-31348-7) is provided:

http://Extras.Springer.com

Weise angestellt. Nach einer regenlosen Periode wurde unter der Ackerkrume etwas Erde gegraben und in Blechdosen gebracht. Der Erde wurden dann Buchweizen- und Getreidesamen zugemischt. Die abgedeckte, mit Luftlöchern versehene Dose wurde hierauf in ein trockenes Zimmer gestellt. Nach vier Tagen war der Buchweizen in fortschreitender Keimung begriffen, das Getreide blieb bald stecken, soweit es überhaupt gekeimt war. Keimzeiten und Keimgrößen hatten sich, verglichen mit denen des Normalkeimbettes, vollständig verschoben, so, wie es uns die Agarprobe bereits demonstriert hat.

Kalksalze und Guttationsgeschwindigkeit

Wenn dem Sand Kalksalze beigemischt werden, kann die Guttationsgeschwindigkeit außerordentlich stark herabgesetzt werden. Die nach einer Weile auch in Kalksalzen auftretenden Guttationstropfen verharren lange bei Stecknadelkopfgröße (im folgenden als „Stichtropfen“ bezeichnet), während die Tropfen von ausgeglichenen Sandkulturen sich bald der ganzen Kotyledonarfläche mitteilen.

Versuchsanordnung

1. 900 *g* geglühter reiner Sand mit 300 cm^3 der normalen Knopschen Nährlösung getränkt.
2. 1 *g* $Ca(NO_3)_2$ auf 1 *kg* Sand.
3. 1 *g* $Ca(NO_2)_3$ + 0·2 *g* KNO_3 auf 1 *kg* Sand in zwei Reihen.
4. 1 *g* $CaCl_2$ auf 1 *kg* Sand.
5. 1 *g* $CaCl_2$ + 0·2 *g* KCl auf 1 *kg* Sand.
6. 0·5 *g* K_2SO_4
7. 0·8 *g* K_2SO_4
8. 0·5 *g* K C
9. 0·8 *g* K Cl

(6.–9.) auf 1 *kg* Sand.

(Trockenes Laboratoriumszimmer ohne Gasbrand)

(Die Zeit, die bis zum Eintreten der Guttation verstreicht, ist bei Zimmerpflanzen wesentlich größer als bei Gewächshauspflanzen)

Am 9. Tag der Keimung, mittags 1^{30}, kamen drei Gefäße unter eine Glasglocke

Zeit	Knop	$Ca(NO_3)_2$	$Ca(NO_3)_2 + KNO_3$
2^{45}	1 Pflänzchen in voller Guttation	—	—
6 nachm.	sämtl. Pflänzchen guttieren	2 Stichtropfen	1 Stichtropfen

Abnahme der Glocke

Am 10. Tag der Keimung, vorm. 7^{30}, kamen drei Gefäße unter die Glocke, und zwar

Zeit	Knop	$Ca\,Cl_2$	$Ca\,Cl_2 + K\,Cl$
9^{45}	sämtl. Pflänzchen guttieren	—	1 Keimblatt mit einem breit. Guttationstropf.
11	sämtl. Pflänzchen guttieren	—	2 Pflänzchen guttieren

Abnahme der Glocke

Um 11 Uhr kommen die Gefäße aus der Parallelreihe unter die Glocke

Zeit	Knop	$Ca\,(NO_3)_2$	$Ca\,(NO_3)_2 + K\,NO_3$
1^{15}	1 Pflänzchen guttiert	—	—
2	alle guttieren	3 Stichtropf.	2 Stichtropfen 1 breiter Tropfen

Abnahme der Glocke

Am 11. Tag der Keimung, vorm. 7^{30}, kommen 4 Gefäße unter die Glocke

Zeit	$Ca\,(NO_3)_2$	$Ca\,(NO_3)_2 + K\,NO_3$	$Ca\,Cl_2$	$Ca\,Cl + KCl$
9	—	—	—	—
11	—	—	—	—
1^{45}	4 Stichtr.	5 Stichtropfen	1 Stichtr.	5 breite Tr.

Die Gegenwirkung des Kaliumchlorids gegen das Kalziumchlorid (Antagonismus) ist deutlich zu erkennen. Doch bleibt bei Verwendung der Nitrate dieser Effekt aus. Es liegen in der Literatur viele Berichte über den Einfluß gewisser Ionen auf die Guttation vor (so sollen die Chloride guttationsfördernd wirken); allein es besteht nirgends Sicherheit und Klarheit in der Auffassung. Die Ergebnisse sind auch gar nicht gleichsinnig. Zu häufig erfolgt mit dem Wechsel des pflanzlichen Zustandes oder auch mit der Änderung der Konzentrationen eine Wirkungsumkehr. Diese Umkehrwirkung ist bei unseren Guttationsversuchen bei Verwendung von verschiedenen Konzentrationen von $K\,Cl$ und $K_2\,SO_4$ mehrfach in Erscheinung getreten.

Versuch

Versuchsanordnung wie bei den zuletzt beschriebenen Versuchen

10 Tage-Keimlinge gelangen vorm. 8 Uhr in Stellung unter Glasglocke

Zeit	K Cl	K_2SO_4
9[20] vorm.	0·5%, 3 breite Tropfen	0·5%, 7 breite Tropfen
	0·8%, 6 breite Tropfen	0·8%, 2 Stichtropfen

Abnahme der Glocken

Am 12. Tag wurde der gleiche Versuch mit der Parallelreihe durchgeführt

11[30] mittags Stellung unter Glasglocke

Zeit	K Cl	K_2SO_4
1	0·5%, 4 Tropfen	0·5%, 6 breite Tropfen
	0·8%, 3 breite Tropfen	0·8%.

Vor der Anwendung leichtlöslicher Kalksalze wurde das Dikalziumphosphat in seiner Wirkung auf die Guttation geprüft. Das Dikalziumphosphat ist ein in der Buchweizenliteratur viel genanntes Salz. (Siehe Abschnitt: Der Wert der Einzelproben zur Deutung bisheriger Untersuchungsergebnisse.) Allein durch die von uns gepflegte Methode waren eindeutige Resultate nicht zu erzielen. Das schließt nicht aus, daß das Dikalziumphosphat in ähnlicher Richtung wirkt wie die anderen Kalksalze, wenn es auch langsamer zur Wirkung gelangt. Im ersten Versuch wurden je 12 Pflänzchen mit 0·5% Dikalziumphosphat, beziehungsweise mit 0·4% Dikalziumphosphat + 0·1% Dikaliumphosphat (Kontrolle Wasser) begossen. Im zweiten Versuch waren die Salze dem Sande bereits vor dem Auslegen der Samen beigemischt worden.

Erster Versuch mit Dikalziumphosphat
(Je zwölf Tage alte Pflänzchen)

Tag	Stunde	Wasser	Dikalziumphosphat	Dikalziumphosphat + Dikaliumphosphat
1. Zähltag	7 vorm.	38	35	37
	6 nachm.	32	14	16
2. Zähltag	7 vorm.	59	38	56

Tag	Stunde	Wasser	Dikalziumphosphat	Dikalziumphosphat — Dikaliumphosphat
Um 10 Uhr erstmaliges Begießen mit den Lösungen				
3. Zähltag	7 vorm.	36	33	48
	11^{30} vorm.	—	—	—
	6 nachm.	10	3	—
4. Zähltag	7 vorm.	35	22	30
	10^{30} vorm.	—	—	—
	6 nachm.	—	—	—
5. Zähltag	7 vorm.	36	37	36

Zweiter Versuch mit Dikalziumphosphat

5 Glasgefäße mit je 900 *g* Sand

Salze dem Sand vor Aussaat beigemischt

Tag	Stunde	Wasser	1 *g* Dikalziumphosphat	1·5 *g* Dikalziumphosphat	0·5 *g* Dikaliumphosphat + 1 *g* Dikalziumphosphat	1 *g* Dikaliumphosphat
6. Keimtag						
1. Zähltag	6 nachm.	7	9	2	4	3
2. Zähltag	7 vorm.	14	13	4	10	11
Um 1 Uhr kommen die Gefäße unter Glasglocken						
	1 mitt.	—	—	—	—	—
	1^{20} nchm.	2	2	—	4	—
	2 nachm.	—	4	—	—	—
	3 nachm.	—	3	—	—	—
	5 nachm.	4	8	2	3	—
	6 nachm.	7	8	4	5	1
Abnahme der Glocken						
3. Zähltag	7 vorm.	11	13	11	20	12
	11 vorm.	8	5	2	6	6
	6 nachm.	1	2	2	1	3
4. Zähltag	7 vorm.	11	9	9	12	8
	11 vorm.	—	—	—	—	—
	6 nachm.	7	8	6	7	5

Befund: Daß eine Pflanze trockener Standorte Einrichtungen zu ansehnlichen Mengenausscheidungen tropfbar flüssigen Wassers besitzt, gehört zu den Seltenheiten. Im Buchweizen ist der Fall realisiert. Die Zeit, die beim Buchweizen bei reichlicher Wasserzufuhr vom Beginn der Wasserdampfsättigung bis zum Erscheinen des ersten Guttationstropfens verstreicht, ist gering, geringer als beim Weizen. Sie wird bei Anwendung stärkerer Salzkonzentrationen erheblich verlängert und zwar verzögert sich die Guttation beim Buchweizen mehr als beim Weizen. Die Guttationszeiten beider Pflanzen verkehren sich demnach (Relativität der Guttationszeiten). Die Verlangsamung der Guttation durch Kalksalze kann am Buchweizenkeimling deutlich wahrgenommen werden. Bei Verwendung von $CaCl_2$ kann durch Zufuhr von KCl die Guttation belebt werden (hierbei wird an die Anschauungen von P. EHRENBERG und HANSTEEN-CRANNER erinnert). Bei Verwendung von *Nitraten* $(Ca(NO_3)_2 + KNO_3)$ konnte eine Tendenz zur Aufrechterhaltung der Guttation nicht wahrgenommen werden.

Die Guttation ist für die pflanzliche Diagnostik ein außerordentlich wertvolles Mittel. Sie braucht dabei nur als Erscheinung betrachtet zu werden und nicht unter Zugrundelegung eines zweckdienlichen Vorganges. Eine Zweckmäßigkeit der Guttation bei den höheren Pflanzen könnte übrigens nicht allein in der von STAHL betonten, von GRAFE gering eingeschätzten Exkretion liegen. Beim *Buchweizen* wäre eine Zweckmäßigkeit nur in der umgekehrten Richtung zu finden. Hier tritt die Guttation bei starker Wasserversorgung gerade bei den salzarmen Pflanzen am stärksten auf. Die neutralreagierenden Tropfen stark guttierender Pflanzen auf Sandböden hinterlassen nach ihrer Verdunstung keine Salzkruste. Wohl aber bilden sich in den starken Salzkonzentrationen Salzeffloreszenzen, ohne daß eine sichtbare Guttation voranging. In der Hauptsache wird bei der normalen Guttation wohl Wasser hinausbefördert. Die Wasservergeudung durch Buchweizen bei reichlicher Wasserversorgung ist eine Konsequenz der Saugkraft und zugleich die Voraussetzung zu ihrer Erhaltung für eine Periode des Wassermangels; der Guttationstrieb ist der Erzeuger eines Konzentrationsgefälles im Dienste der Saugkraft.

Wenn zahlreiche Kulturpflanzen (Linum, Vicia faba, Lupinus) experimentell nicht zur Guttation gezwungen werden können, so muß trotzdem der negative Ausfall der

Guttationsprobe bei der physiologischen Charakteristik dieser Arten berücksichtigt werden.

13. Die Durstprobe

Buchweizen, Pferdebohnen und Senf werden gemeinsam in einen Tontopf (mit freiem Abzug ohne Untersatz) ausgelegt und während der Keimung mit dem nötigen Wasser versorgt. Die erste Pflanze, die zur Keimung schreitet, ist der Senf. Nach dem Überschreiten der Keimung wird die Wasserversorgung eingestellt und die Erde der Austrocknung überlassen. Mit fortschreitender Austrocknung des Bodens bleibt der Senf zurück und wird vom Buchweizen rasch überholt. Der Abstand vergrößert sich zusehends. Der Senf stirbt zu einer Zeit, in der der Buchweizen noch im Wachstum begriffen ist. Vicia erreicht bei dieser Koedukation unter allmählichem Schwarzwerden weit früher den Welkezustand als der Buchweizen. Die Resistenz des Buchweizens kann nur auf seine Saugkraft zurückgeführt werden. Der einfache Versuch ließe sich dutzendmal variieren; besonders lockt die Frage, ob sich bei Verwendung von Kalkböden oder bei Zugabe von Salzen der Durstabstand zwischen dem Buchweizen und seinen Schicksalsgenossen verringert oder sich vielleicht gar ins Gegenteil verkehren läßt. (Relativität der Xerophilie.)

Die Leichtigkeit der Wasserversorgung beim Buchweizen ist um so erstaunlicher, als seine großen Blattflächen eine lebhafte Transpiration unterhalten. Planimetrische Ermittlungen ergaben bei 25 Tage alten Pflanzen, welche drei Blätter gebildet hatten, eine einseitige Blattfläche von 49·1 cm^2, 35 Tage alte Pflanzen erreichten im Durchschnitt mit sechs Blättern eine Fläche von 90·8 cm^2!

Befund: Die Koedukation von Buchweizen und von anderen Kulturpflanzen in demselben Topf läßt bei Wasserentzug die Überlegenheit des Buchweizens in der Wasserversorgung scharf hervortreten. Vicia faba und Sinapis alba erleiden den Dursttod, lange bevor Fagopyrum das Wachstum einstellt. Dessen Wasserversorgung gründet sich auf seine Saugkraft. Die Stetigkeit im Wassernachschub ist um so bemerkenswerter, als planimetrische Messungen der Blattflächen hohe Werte ergeben.

14. Einzelsalzproben am Samen

Der lebendige Zelleib ist in fortwährendem Wechsel begriffen, aber unberührt von allem Wechsel bleibt die Grundstruktur, die für jede Pflanzenart nach einem ganz bestimmten Typus modelliert ist. Wir bezeichnen diese Grundstruktur als Plasmakonstitution. Diese artspezifische Plasmakonstitution ist in allen Entwicklungsphasen einer Pflanze die gleiche im Samen, im Keimling, in der wachsenden und blühenden Pflanze. Eine Pflanze verrät gewisse Eigenschaften, die erst in ihrem späteren Wachstum grob sichtbar werden, schon im Keimbett[25]). Die keimungsphysiologische Literatur der neueren Zeit ist reich an Belegen hiefür. Deswegen werden Keimproben in verschiedenen Medien häufig unseren Einblick in die spezifische Plasmakonstitution einer Art zu vertiefen imstande sein.

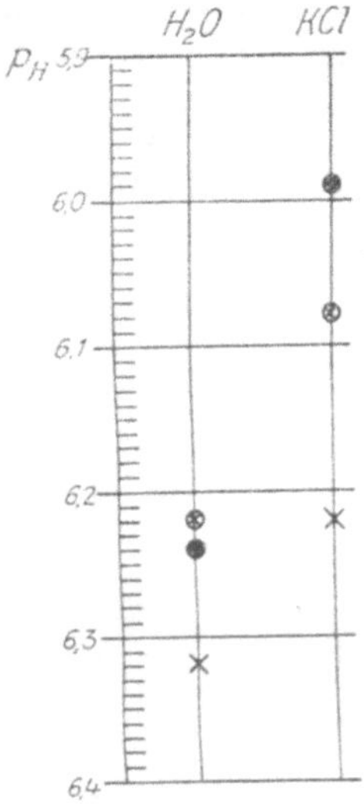

Abb. 5.
Reaktionsverschiebung der Quellflüssigkeit

Bei den zunächst zu beschreibenden Versuchen leiteten mich folgende Gedankengänge. Eine größere (saubergewaschene) Menge von Samen von Kulturpflanzen (20 *g*) stellen auf **engstem Raum** eine riesenhafte Anhäufung von Zellen dar, deren spezifische Plasmakonstitution in einer Ursprünglichkeit und Unverfälschtheit vor uns liegt, wie sie im späteren Entwicklungsstadium der Pflanze nicht mehr gedacht werden kann. Überschichtet man abgewogene Mengen verschiedener Samenarten mit gleich dosierten Lösungen von Salzen und läßt sie über Nacht stehen, so werden vielleicht bis dahin durch die verschiedenen Samenarten Unterschiede in der pH der Lösung hergestellt. Diese Unterschiede dürfen selbstverständlich nicht für sich allein gewertet werden, sondern sie sind von zwei Gesichtspunkten aus zu betrachten. Einmal von der pH, welche die verwendete Lösung über Nacht angenommen hat und zweitens von der q-H, welche die Samenarten in der Wasserkontrolle hinterlassen haben. Die Methode bringt in der Tat Ergebnisse von überraschender Eindeutigkeit und sie würde vielversprechend sein, sobald volle Sicherheit bestünde, daß mit der Exosmose von Stoffen in die Salzlösung in nennenswertem Maße nicht zu rechnen ist. Die während des Quellungsprozesses angesammelte Atmungskohlensäure kann durch Aufkochen der zu messenden Flüssigkeit leicht entfernt werden. Säurehaltige Samenarten werden zu den Untersuchungen nicht verwendet, es bestünde, wie gesagt, nur Gefahr, daß gewisse Samenstoffe in die Salzlösung exosmieren. Wenn es gelingt, diese Bedenken zu zerstreuen — ich zweifle nicht daran —, dann ist das Untersuchungsergebnis von großem Wert für die Diagnostik des Buchweizens. Die pH-Unterschiede, die zwischen der Wasserkontrolle und der KCl-Probe, zwischen der Wasserkontrolle und der $CaCl_2$-Probe liegen, sind durchwegs beim Buchweizen am größten, der Unterschied, der zwischen der Wasserkontrolle u. der K_2HPO_4-Probe liegt am geringsten. In den erstgenannten Fällen hat eine vermehrte Kationenaufnahme durch die Riesenzahl quellender Buchweizenzellen die Flüssigkeit in Vergleich zu anderen Samen mehr angesäuert, im letzteren Falle der gleiche Vorgang den Übergang der Flüssigkeit ins

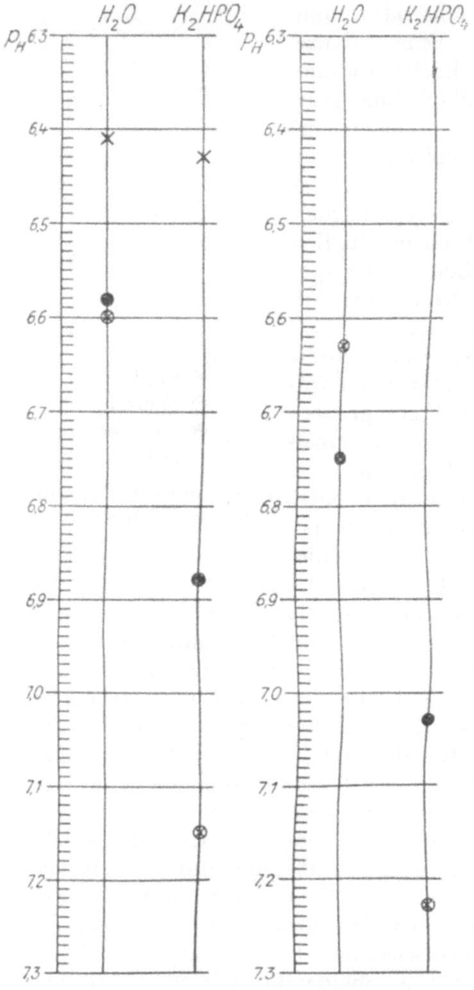

Abb. 6.

Links Quellflüssigkeit ungekocht, rechts gekocht.

alkalische Gebiet (durch Zurücklassung des Phosphations) retardiert. So müßte nach der Überwindung der oben genannten Bedenken die Erklärung lauten.

Untersuchungstabellen

(Siehe die graphischen Darstellungen bei Abb. 5 und 6)

I.

20 g gewaschene Samen von Buchweizen, Weizen, Senf
30 cm³ Flüssigkeit. Einwirkungsdauer 18 Stunden
H_2O, 0·2% KCl, 0·2% KNO_3
pH-Werte

	H_2O	KCL	KNO_3	Bemerkungen
Reine Lösungen	6·80	6·42	6·82	
Buchweizen . .	6·24	5·99	6·20	
Weizen	6·22	6·08	nicht bestimmt	
Senf	6·32	6·22	6·47	
	Nach weiteren 24 Stunden			kommt kein Wert mehr zu, da bakterielle Vorgänge mitbeteiligt sein dürften.
Die reine Lösung von 0·2% KNO_3			6·26	
Senf in 0·2% KNO_3			6·57	
Buchweizen 0·2% KNO_3			6·39	

Zur Methodik ist zu bemerken, daß je 20 *g* Samen in Bechergläsern mit Reagenzglasbürsten und destilliertem Wasser wiederholt durchgerührt und sauber abgespült werden. Hierauf wurden sie in andere Bechergläser übertragen und mit 40 (im ersten Versuch 50) *cm³* einer 0·2%igen Salzlösung (Kontrolle Wasser) übergossen. Die Bechergläser wurden nun — leicht bedeckt — 18 Stunden stehengelassen. Daneben wurden 50 *cm³* des verwendeten destillierten Wassers und 50 *cm³* von jeder verwendeten Salzlösung für die pH-Messung bereitgestellt.

II.

20 *g* Samen von Buchweizen, Weizen, Erbse, Senf
40 *cm³* Flüssigkeit, 18 Stunden Einwirkungsdauer
H_2O, 0·2% $CaCl_2$, 0·2% $Ca(NO_3)_2$, 0·2% K_2HPO_4
pH-Werte

	H_2O	$CaCl_2$	$Ca(NO_3)_2$	K_2HPO_4
Reine Lösungen . . .	6·77	6·65	6·26	7·73
Buchweizen	6·58	5·95	6·02	6·88
Weizen	6·60	6·06	6·09	7·15
Erbsen	6·40	5·97	6·16	6·79
Senf	6·41	6·01	6·19	6·43

(Beim Senf waren, da die Flüssigkeit durch den Schleim verschluckt wurde, je 20 *cm*³ ausgekochten Wassers zugegeben. Die Schleimentwicklung beim Senf schafft für diesen Samen besondere Bedingungen, so daß der Senf aus den Vergleichen ausscheidet.)

Dieselben Säfte (mit Ausnahme der Senfflüssigkeit) wurden nach vollzogener Messung aufgekocht und gaben nach dem Abkühlen folgende pH-Werte:

	H_2O	$CaCl_2$	$Ca(NO_3)_2$	K_2HPO_4
Reine Lösungen . . .	6·94	6·72	6·71	7·73
Buchweizen	6·75	6·20	6·21	7·03
Weizen	6·63	6·26	6·42	7·23
Erbsen	6·67	6·41	6·44	6·97

(Die Säurebestimmungen übernahm in dankenswerter Weise Herr Dr. Hock, Weihenstephan.)

Keimproben in Kalziumchlorid

In höheren Konzentrationen von $CaCl_2$ verhalten sich die verschiedenen Samenarten ganz verschieden. Lupinus, Ornithopus, Sarothamnus beginnen in Konzentrationen von 1% ihre Keimfähigkeit einzubüßen. In früheren Arbeiten habe ich ausführlich über diese Versuche berichtet[25]. Nach meinen dort entwickelten Anschauungen steht die geringe Resistenz dieser Samen gegen Kalksalze in Zusammenhang mit der Tatsache, daß in den Zellen dieser Samen außerordentlich viel Eiweißstoffe auf engstem Raum in kohlehydratarme und fettarme Grundsubstanzen eingebettet sind und daß diese Eiweißstoffe und mit ihnen viele adsorbierte Stoffe durch die Kalksalze niedergerissen werden. Stärkereiche, zuckerreiche und fettreiche Samen bringen durchwegs eine höhere Resistenz gegen Kalksalze auf. In einer jüngst erschienenen Arbeit geht L. Kanzler[26]) auf diese Erscheinungen wieder ein und findet die gleichen Beziehungen. Seinen Tabellen entnehme ich die Keimzahlen für Fagopyrum. Dieser Same zeichnet sich im feuchten Keimbett durch eine bemerkenswerte Widerstandskraft gegen Kalziumchlorid aus. Während bei Lupinus, Ornithopus und Sarothamnus ein Zusammenhang mit der Kalkempfindlichkeit späterer Entwicklungsphasen sichtbar ist, fehlt beim Buchweizen jedes Analogon. Seine Kalkempfindlichkeit kann auch durch diese Methode nicht demonstriert werden.

Tabelle aus den Versuchen von L. KANZLER

Fagopyrum esculentum

Versuchsbeginn 23. April 1923, 12 Uhr vorm.

Zahl der Samen 40

Tag	Stunde	Kontrolle	1% $CaCl_2$	1·2%	1·5%	2%
24. April 1923	2 nachm.	27	5	—	—	—
	6 nachm.	29	5	—	—	—
27. April 1923	10 vorm.	33	9	4	—	—
	2 nachm.	36	14	9	3	—
	6 nachm.	36	14	11	4	—
28. April 1923	10 vorm.	36	26	20	11	—
29. April 1923	10 vorm.	37	30	24	14	—
	6 nachm.	37	32	25	15	—
30. April 1923	10 vorm.	37	32	25	15	—
1. Mai 1923 .	10 vorm.	37	32	26	23	3
2. Mai 1923 .	10 vorm.			27	26	4
3. Mai 1923 .	10 vorm.	38	38	29	29	8
4. Mai 1923 .	10 vorm.			30	30	8
5. Mai 1923 .	10 vorm.		39	32	31	10

Bei einer Wiederholung des Versuches zeigte sich die gleiche Resistenz des Buchweizens gegen $CaCl_2$. In einer Lösung mit 1% $CaCl_2$ war sogar eine leichte Förderung der Keimlinge wahrnehmbar.

15. Die Eisensulfatprobe und die Silbernitratprobe

Die Beobachtung, daß die Wurzeln von Senfpflänzchen, dem Sandboden entnommen und in eine 0·05%ige Eisensulfatlösung versetzt, sich nach kurzer Zeit mit Eisenoxyd bedecken, war seinerzeit[9]) für die Diagnostik der Senfpflanze außerordentlich wertvoll. Der Senf reißt das Anion an sich und das Kation schlägt sich als Oxyd an der Oberfläche nieder.

Die Eisensulfatprobe beim Buchweizen fällt negativ aus. Der aus den verletzten Würzelchen austretende Gerbstoff reagiert bald mit dem Eisensalz, so daß die Reinheit der Wurzel verlorengeht. Es ist, bevor wir die nun folgenden Versuchsreihen beschreiben, zu betonen, daß die Keimpflänzchen samt und sonders in salzarmem Sand gezogen wurden in einem Medium, in dem die Einflüsse des Substrates wenig zur Geltung gelangten.

War der Sand von einigen Humuskrumen durchsetzt, so war am Ausfall der Eisensulfatprobe stets zu merken, wo eine innige Berührung des Würzelchens mit der Krume stattgefunden hatte. (Umladung der Zellhaut oder Gerbung der Oberflächen durch die Humussubstanzen.)

In den veigleichenden Untersuchungen gaben

positive Eisensulfatproben

Sinapis alba + + + Münch. Bierrettich + + + Brassica Napus + + + Stoppelrübe + + Raphanus + +	sämtlich der Familie der Kruziferen zugehörig. Gattung Sinapis oder Brassica

negative Eisensulfatproben

Sisymbrium off. (Krucifere, aber weder zur Gattung Sinapis noch zur Gattung Brassica gehörig),
Isatis Tinctoria, zu den Sisymbrineae gehörend
Fagopyrum
Lupinus
Hordeum
Linum

Pflänzchen, die drei Stunden nach Versuchsbeginn nicht Oxydationserscheinungen hervorbrachten, müssen als reaktionsnegativ bezeichnet werden.

Die Silbernitratprobe verläuft beim Senf schön und deutlich. Nach wenigen Augenblicken bilden sich um die Würzelchen, die in eine Silbernitratlösung von 1 : 10.000 tauchen, Wölkchen von Silber, da das Nitration von den Oberhautzellen festgehalten wird, und bedecken bald die Wurzeln mit einem Beschlag metallischen Silbers. Beim Buchweizen und bei anderen Pflänzchen tritt der exosmierende Gerbstoff störend dazwischen und macht die Silbernitratprobe unbrauchbar. Bei Vicia faba färbte sich die Lösung rosa. Linum reagierte kaum.

Befund: Buchweizenwurzeln rufen eine Oxydation in einer 0·05%igen Lösung von Eisensulfat binnen einer Stunde nicht hervor. Die Abscheidung metallischen Silbers durch die Buchweizenwurzeln verläuft langsamer als beim Senf. (Vorsprung der Anionenaufnahme vor den Kationen beim Senf.)

16. Die Kaliumpermanganatprobe

An Pflanzenwurzeln, die in eine Lösung von Kaliumpermanganat getaucht werden, schlägt sich Braunstein nieder. Dieser Braunsteinniederschlag erfolgt nicht bei allen Pflanzen innerhalb derselben Zeit. Wenn wir sauber gewaschene, etwa 15 Tage alte Pflänzchen von Buchweizen, Weizen, Lupine, Lein zu gleicher Zeit in eine Lösung von Permanganat verbringen, so beginnt beim Buchweizen nach einigen Minuten die Überziehung der Wurzeln mit Mangandioxyd. Die Wurzeln sind tief rostbraun, ehe bei den anderen Pflanzen die Ausscheidung sichtbar wird. Die Reihenfolge der genannten Pflanzen hinsichtlich des Auftretens von Braunstein ist:

Buchweizen, Weizen, Lupine, Senf, Lein, welch letzterer äußerst lange rein weiß bleibt.

In Vicia faba wird das Kaliumpermanganat äußerst rasch farblos, ohne daß sich Braunstein niederschlägt.

Die Braunsteinbildung an Pflanzenwurzeln hat Raciborski mit dem Vorhandensein von Reduktasen im Wurzelhals in Verbindung gebracht. Sicherlich zu Unrecht[27]). Der Vorgang ist auch an lebloser Materie hervorzurufen. Bei Vicia faba wären noch am ehesten echte Reduktionserscheinungen anzunehmen. Bei Fagopyrum und Triticum und bei Nadelholzzellulose ist der Vorgang offensichtlich so, daß das Kation rasch durch die Wurzeloberfläche, beziehungsweise durch die Zellulose attrahiert wird, daß das Permanganation zurückbleibt und als Braunstein niedergeschlagen wird. Alles was seit Raciborski über „Enzymatische Wurzelausscheidungen" geschrieben wurde und noch geschrieben wird, verliert in dem Maße, in dem unsere Kenntnis vom Mechanismus der Salzaufnahme fortschreitet, an Interesse.

Verwendet man Kalziumpermanganat statt Kaliumpermanganat, so ist der Vorsprung des Buchweizens in der Braunsteinbildung noch deutlicher zu sehen.

Durch die Einzelsalzproben, welche die Verschiebung der pH einer Salzlösung durch den quellenden Buchweizen feststellen, und durch die Permanganatprobe wird die Vermutung nahegelegt, daß der Buchweizen (Same und Keimling) ein hohes Attraktions- und Adsorptionsvermögen für Kationen habe und dadurch in einen scharfen Gegensatz zum Senf trete. In der Literatur finde ich diese Vermutung bereits ausgesprochen. P. Ehrenberg[6]) meint, wenn der Buchweizen durch sekundäres Kalziumphosphat ungünstig beeinflußt werde, die Gerste nicht, so komme dies daher, weil der Buchweizen wesentlich den Basenanteil, die Gerste indessen den Säurenanteil aufnehme. Unsere Methoden zur Diagnostik des Buchweizens stießen auf zwei Erscheinungen, die vor allem unsere Aufmerksamkeit verdienen, auf die Saugkraft des Buchweizens und auf seine offensichtliche Attraktionskraft gegenüber den Kationen der Salze. In zahlreichen Versuchen suchte ich die rasche Aufnahme der Kationen durch den Buchweizen so grob und so eindeutig sichtbar zu machen, wie der umgekehrte Vorgang beim Senf durch Silbernitrat und Eisensulfat zu demonstrieren ist. Auf alle mögliche Weise suchte ich eine rasche und sichere Methodik zu finden. Zunächst versuchte ich es mit Jodkalium. Jodkalium allein bläute lösliche Stärke nicht. Bei rascher Aufnahme des K-Ions durch die Buchweizenwurzeln bildet sich Jodwasserstoffsäure. So hoffte ich die Entstehung von Jodwasserstoffsäure bei Zugabe von löslicher Stärke nachzuweisen. Der Versuch schlug fehl. Die Verwendung von nukleinsaurem Natrium verlief ebenfalls erfolglos. In oleinsaurem Natrium traten nach einiger Zeit wohl Schlüren auf, indessen war zwischen den einzelnen Pflänzchen kaum ein Unterschied zu finden. Mit Kobaltnitrat und Kobaltchlorid (äußerst verdünnt) konnte ich keine Farbenänderung in der Lösung sehen. Dann versuchte ich eine Beobachtung von WIELER am Buchweizen auszuprobieren. WIELER fand, daß die Wurzeln von Vicia faba unter Einstellung des Längenwachstums sich rot färbten, als in das Kulturgefäß etwas frisch gefälltes Kupferkarbonat geschüttet wurde[27]). Ich konnte die Erscheinung lediglich bei Vicia faba (braunrötliche Färbung) finden; Lupinus, Sinapis, Fagopyrum blieben ohne Befund. Nach einer Reihe vergeblicher Versuche wandte ich mich den Farbstoffen zu.

Befund: Die Braunsteinbildung an den Wurzeln von Fagopyrum in Permanganat verläuft stürmisch. Der Vorgang wird durch die vehemente Aneignung des Kations durch die Wurzeloberfläche in Verbindung gebracht. Es konnte jedoch keine sichere Methode ausfindig gemacht werden, welche geeignet wäre, diese Erklärung auch von einer anderen Richtung her zu stützen. Der Vorsprung der Anionenaufnahme ist aus chemischen Gründen leichter unserem Wahrnehmungsvermögen sichtbar zu machen als ein Vorsprung des Kations.

17. Die Farbstoffproben

Zur Methodik ist zu bemerken, daß von den kleinen Keimpflänzchen (Senf, Buchweizen, Lein) je acht bis zehn bis zwölf nach Maßgabe des Frischgewichtes zusammengebunden mit den Wurzeln in die Farblösung eintauchten, von den Keimpflanzen größeren Formates (Lupine, Vicia) nur je eine Wurzel.

Methylenblau, Malachitgrün (Chlorid), Nilblau (Sulfat) brachten an den Wurzeln keine beachtenswerten Unterschiede hervor. Die Leinwurzeln nahmen stundenlang keinen Farbstoff an. Die Lösungen waren außerordentlich stark verdünnt.

Kristallviolett wird von Buchweizenwurzeln rasch und gierig angenommen, Vicia und Lupinus nehmen den Farbstoff nicht an, sondern entfärbten die Lösung. Durch *Vicia faba* wird auch eosinsaures Methylenblau ohne Farbstoffannahme entfärbt. Buchweizenwurzeln nehmen auch hier den Farbstoff so gierig auf, daß hochverdünnte Lösungen bald entfärbt werden. Der Senf färbt sich träge und lange indifferent erweist sich der Lein. Die interessanteste Erscheinung war, daß die Wurzeln von Lupinus luteus sich grün färbten, offenbar, weil der Farbstoff, in seine Komponenten zerlegt, in gleichen Verhältnissen eindrang.

Zur Buchweizendiagnostik vermögen die Farbstoffproben keine sicheren Anhaltspunkte zu liefern.

Befund: Der Grad der Annahme gewisser Farbstoffe durch die jungen Wurzeln verschiedener Pflanzen ist verschieden, wie auch der durch die Wurzeln erreichte Färbungsgrad der Lösung. Wenn die Mängel und Unsicherheiten die der Methode noch anhaften, zu beseitigen sind, versprechen die Farbstoffproben in Zukunft brauchbare Hilfsmittel der pflanzlichen Diagnostik zu werden. Besonders bemerkenswert war die Grünfärbung von Lupinenwurzeln in eosinsaurem Methylenblau.

18. Die Lackmusprobe an Keimwurzeln und Untersuchungen über Wurzelausscheidungen und Wurzelsäfte

Die ersten vergleichenden Lackmusproben an den Wurzeln höherer Pflanzen nahm KUNZE[28]) vor. Schon dieser Autor berichtet über die starke Rötung von Lackmuspapier durch die Wurzeln des Buchweizens, die an Intensität die an zahlreichen anderen Pflanzen ermittelte Reaktion übertrifft. Ich habe die Lackmusprobe an einer Reihe von Kulturpflanzen durchgeführt und mich von der starken Wirkung des Buchweizens auf Lackmus überzeugt. Bekanntlich gehören die Anschauungen über die „Wurzelausscheidungen" zu den umstrittensten der Pflanzenphysiologie und im Hinblick auf unsere Feststellungen, daß dem Buchweizen eine starke Anziehungskraft auf die Kationen zugeschrieben werden muß, gewinnt die Theorie von BAUMANN und GULLY[29]) für uns ein erhebliches Interesse. Nach diesen Forschern werden saure Ausscheidungen nur vorgetäuscht. „Die Eigenschaft Hydroxylionen und Basen aufzunehmen bringt es mit sich, daß viele Kolloide in dissoziierten Salzlösungen eine saure Reaktion hervorrufen und daß sie blaues Lackmuspapier auch in reinem Wasser röten. Sie nehmen aus den Salzlösungen die Basen heraus und verursachen eine saure Reaktion durch die zurückbleibende Säure des Salzes. Aus dem Lackmuspapier, das ja ursprünglich rot war und nur durch freies Alkali blau gefärbt ist, nehmen sie das Alkali auf, so daß das Papier nachher wieder rot erscheint. Diese Erscheinungen haben die negativen Kolloide in den Ruf von Säuren gebracht. Die gequollene Zellhaut ist negativ elektrisch, sie zieht hierdurch die Kationen der dissoziierten Salzlösungen an und verwandelt sie in Hydrate, die sich durch Diffusion in die Zellwand begeben, und von da an die Orte des Verbrauches geleitet werden. Gleichzeitig müssen Reduktionserscheinungen eintreten, die von dem Wasserstoff dieser Elektrolyten herrühren. Nach Sättigung mit Basen oder durch H-Ionen findet eine elektrische Umladung der Zellhaut statt, die es ermöglicht, daß Säuren diffundieren können. Durch die Umladung wird also die Nährstoffaufnahme selbsttätig reguliert.“

Die BAUMANN-GULLYsche Erklärung verliert an Gewicht, wenn wir die Methoden und die Untersuchungsergebnisse anderer Forscher betrachten, welche sich ebenfalls mit der Frage der Wurzelausscheidungen von Fagopyrum befaßt haben. In den Versuchen von PFEIFFER, SIMMERMACHER und SPANGENBERG[30]) wurde vorgekeimter Buchweizen gereinigt und in destilliertes Wasser versetzt. Dieses Wasser wurde dann unter Zusatz von 10 cm^3 einer sehr verdünnten Lauge in einer Platinschale eingedampft, der Rückstand mit wenig Wasser aufgenommen, mit einer äquivalenten Säuremenge versetzt und hierauf unter Benutzung von Dimethylamidbenzol als Indikator die von völlig unverletzten Wurzeln in das Wasser übergegangene Säure titriert. Bei zwei nacheinander durchgeführten derartigen Versuchen fanden PFEIFFER und seine Mitarbeiter folgende auf Zitronensäure umgerechnete Mengen:

Bei Berücksichtigung des verschiedenen Wurzelgewichtes ist der Unterschied zwischen beiden Pflanzen ein sehr deutlicher; ich habe jedoch Bedenken, ob nicht doch Säuren exosmiert sind oder aber Wurzelabschürfungen sich zersetzt haben.

Zu erwähnen sind in diesem Zusammenhang die Erfahrungen, die KAPPEN mit Wurzelpreßsäften machte.

	Wurzelgewicht		Zitronensäure
	frisch	Trockensubstanz	
	g	g	g
Weizen	3·11	—	0·00093
Buchweizen	0·80	—	0·00108
Weizen	—	0·207	0·00134
Buchweizen	—	0·110	0·00155

In den Versuchen von KAPPEN[10]) lieferte der Buchweizen bei allen Prüfungen Resultate, welche die bei allen anderen Pflanzenwurzeln erhaltenen, nach der sauren Seite hin weit übertreffen. Der Buchweizensaft zeigt sowohl die stärkste Reaktion gegen Lackmuspapier als auch die höchsten Titrations- und wahren Aziditätszahlen.

Wurzeln

	Titrationsazidität		Wasserstoffzahlen		Lackmus
	Parz. 1	Parz. 2	Parz. 1	Parz. 2	
Senf	1·20	1·30	$6{\cdot}2 \times 10^{-7}$	$5{\cdot}6 \times 10^{-7}$	nicht sauer
Buchweizen	2·30	1·80	$1{\cdot}2 \times 10^{-5}$	$5{\cdot}2 \times 10^{-6}$	
	2·20	1·90	$1{\cdot}2 \times 10^{-5}$	$5{\cdot}2 \times 10^{-6}$	stark sauer

Befund: Buchweizenwurzeln hinterlassen auf Lackmus eine starke Rötung. Der Säuregrad von Wurzelpreßsäften ist ein sehr hoher.

19. Die Eosinprobe

In fluoreszierenden Farbstoffen im Licht leiden nicht alle Samenarten in gleichem Maße. Viele erleiden in einer Eosinkonzentration von 1 : 10.000 den Lichtschlag. Der Buchweizen zeigt gegen diese Konzentration selbst im direkten Sonnenlicht eine erhebliche Resistenz. Seine Keimung wird nicht unterdrückt, ja kaum benachteiligt. Ich habe darüber früher[25]) schon berichtet und seinerzeit die Vermutung ausgesprochen, daß diese Resistenz gegen die Wirkung fluoreszierender Farbstoffe vielleicht im Zusammenhang stehe mit der ganzen Struktur der Buchweizensamenzellen, die sich gegen flockende Einflüsse recht standhaft erweist. Nun, da ich darauf aufmerksam wurde, daß Buchweizen selbst einen Sensibilisator enthält, kann ich den Gedanken nicht verwerfen, daß im Buchweizen von Haus aus für Schutz gegen das gefährliche, kurzwellige Licht gesorgt ist.

Befund: Buchweizensamen keimen in Eosin (1 : 10.000) im Licht gleichmäßig mit ihren Kontrollen. Diese Indifferenz des Buchweizensamens gegen die photodynamische Wirkung fluoreszierender Stoffe verdient Beachtung.

Anmerkung. Der bei Schafen und Pferden durch Buchweizen erzeugte Ausschlag (Nesselsucht, Fagopyrismus) wirkt bisweilen tödlich. (Es sterben nur die weißen Schafe, gefleckte bekommen nur an den hellen Stellen den Ausschlag.) Die Fütterung von Buchweizen muß schon einen Monat vor dem Austreiben auf die sonnige Weide eingestellt werden, damit die Tiere nicht doch noch genug von dem lichtempfindlich machenden Stoff enthalten[31]).

20. Die Mischkulturproben

L. Hiltner[32]) hat Hafer und Senf häufig gemeinsam in einem Topf gezogen. Die Unterdrückung des Hafers durch den Senf in der ersten Generation war vollständig; die Aufzucht der zweiten Generation in demselben Topf verschob das Bild zugunsten des Hafers. Für die Charakterisierung der Senfpflanze boten mir die Hiltnerschen Versuche seinerzeit wertvolle Fingerzeige. Wie verhalten sich Buchweizen und Senf in Mischkultur in zwei Generationen? Wie ändert sich das Substrat nach Zusammensetzung und Reaktion unter dem Einfluß der Mischkultur, wenn die eine Pflanze mehr die Kationen, die andere die Anionen aufnimmt? Die Inangriffnahme dieser Fragen ist Sache der rein landwirtschaftlichen Forschung, welche die Fragestellung zugleich nach den Interessen der Praxis modifizieren kann. Für die Vervollständigung des Charakterbildes des Buchweizens würden „Mischkulturproben" sicherlich zu verwerten sein. Deswegen möchte ich auf sie hinweisen, auch wenn ich über eigene Versuche nicht berichten kann. Die Versuche setzen die Beschaffungsmöglichkeiten großer Bodenmengen verschiedener Herkunft voraus. Ihre Reaktion muß zwischen pH 6 und 7 liegen, bei der beide Pflanzen gleich gut gedeihen.

Befund: —

21. Die „Biologische Analyse" typischer Buchweizenäcker

Generell gültige Bodenindikatoren unter den höheren Pflanzen gibt es nicht. Selbst Pflanzen, die im allgemeinen als zuverlässige Leitpflanzen gelten können, wie Raphanus

Raphanistrum (pH 5—6), treten in einzelnen Landstrichen auf Bodenarten über, die nach menschlicher Voraussicht von Sinapis arvensis beherrscht werden sollen[33]). Die große Linie ist freilich immer sichtbar, aber in Einzelfällen ist Vorsicht geboten. Der Charakter der Art kann

Ort	Unkräuter nach der Häufigkeit	pH	Azotobakterprobe
Steenbeck bei Kiel	Polygonum persicaria Myosotis intermedia Chrysanthemum segetum Matricaria chamomilla Geranium dissectum sporadisch: Cynosurus cristatus Trisetum flavescens	6·1	mäßig
Bordesholm (linksd. Bahn Kiel—Neumünster) oberer Teil	Polygonum persicaria vorherrschend dann Chenopodium album	4·1	Der Buchweizenwuchs ließ im unteren Teil längs des Bahndammes außerordentlich nach. Der Bahnbau hatte sichtlich beträchtliche Mengen von Erdalkalien hinterlassen. Dies drückt sich auch in den pH-Werten aus
unterer Teil	Poligonum aviculare auf Kosten von Polygonum persicaria zunehmend	7·8	
Beim Bahnhof Bordesholm	dieselben Pflanzen, dazu kommt Equisetum arvense	—	—
Probsteierhagen	Polygonum persicaria Spergula arvensis in Massen Stellaria media Anagallis arvensis (sporadisch)	6·65	mäßig
Schrevenborn	Spergula arvensis in Massen Polygonum persicaria	6·50	mäßig

nicht ein für allemal fixiert werden, die Arten sind mehr oder weniger fluktuierend, es liegt kein Grund vor zu bestreiten, daß sich die „Kleinen Rassen" auch auf dem Wege zur physiologischen Differenzierung befinden, Tussilago farfara gilt als Kalkindikator. Und doch fand ich ihn zu meiner Überraschung im starksauren Steenbecker Moor bei Kiel in Massen. Wenn wir trotz dieser zur Vorsicht drängenden Beobachtungen die „Biologische Analyse“ als Hilfsmittel unserer pflanzlichen Diagnostik nicht ausscheiden, so haben wir dabei die große Linie im Auge, die sich trotz aller Unberechenbarkeit der einzelnen Arten doch immer wieder gewinnen läßt.

Befund: Die häufigsten Begleitpflanzen des Buchweizens in Kultur sind Spergula arvensis und Polygonum persicaria. Spergula arvensis gilt als Pflanze kalkarmer, sandiger Ländereien. Im übrigen muß betont werden, daß die typischen Buchweizenäcker im allgemeinen nicht die optimalen Böden für den Buchweizen darstellen. Das Optimum des Buchweizens bedeutet bereits das Einrücken anderer Kulturpflanzen, deren Anbau lohnender ist. Insofern kann für die Physiologie des Buchweizens eine biologisch Analyse seiner Begleitschaft nur von bedingtem Wert sein.

22. Die Anatomie des Buchweizens als Hilfsmittel der physiologischen Diagnostik

Anatomie des Blattes

Das locker gebaute Palisadenparenchym ist zweischichtig. Die Parenchymzellen sind breit. Das ebenfalls lockere Schwammparenchym ist dreischichtig. Für die Charakteristik des Buchweizens ist von Bedeutung, daß sowohl die obere wie die untere Epidermis zahlreiche Spaltöffnungen aufweisen. Breite des Blattquerschnittes etwa 22—23 μ.

Anatomie des Stengels

Eine große Markhöhle ist im Innern des Stengels (im ersten und zweiten Internodium). In der Rinde wechseln kollenchymatische Gewebe (deren verschiedene Ausbildung in verschiedenen Geweben durch WARNEBOLD[17]) studiert ist) (Abb. 6) und unverdickte chlorophyllführende Zellkomplexe miteinander ab. Zwischen den Leitbündeln verlaufen breite Markstrahlen. Die Zellen des Markes sind in den unteren Internodien schwach verdickt und verholzt, in den oberen unverholzt.

Anatomie des Blattstieles

Der Blattstiel wird durch ein großes zentrales Bündel und durch neun im Grundgewebe hufeisenförmig angeordnete Bündel durchzogen. Kollenchym wechselt auch hier mit unverdicktem, chlorophyllführendem Parenchym ab.

Gerbstoffschläuche finden sich bei sämtlichen Spezies der Polygonaceen. Die Lage dieser Schläuche ist vornehmlich am Bast; die bei anderen Polygonaceen auch im peripherischen Teil des Markes vorkommenden Schläuche sind bei Fagopyrum sehr selten. Die obere Epidermis der Blätter ist sehr gerbstoffreich, die untere bedeutend ärmer. Die Gerbstoffreaktion im Stengel ist sehr deutlich. Die ganze Epidermis führt einen dunkelbraunen Niederschlag, der sich auch in der Rinde in einer Reihe von Zellen zeigt. Eine positive Gerbstoffreaktion ist ferner vorhanden in einzelnen Zellen des Kollenchyms der Siebteile und der Markstrahlen.

Die Jodprobe stößt in allen Teilen der Pflanze auf beträchtliche Mengen von Stärke. Der Stärkegehalt erweist sich im allgemeinen um so stärker, je höher der Schnitt geführt wird. Die Stärkescheide hebt sich überall deutlich hervor. In der Rinde ist im ersten Internodium die Reaktion im allgemeinen gering. In den höheren Regionen finden sich beträchtliche Stärkemengen in der Rinde, im peripheren Mark und auch in den Markstrahlen; selbst im Kollenchym fehlt die Stärke nicht. Die Stärkescheiden der Blattstiele geben starke Stärkereaktionen.

Befund: Trotzdem der Buchweizen eine einjährige Pflanze ist, die rasch ihrem Vegetationsablauf zutreibt, führen die Achsenorgane zeitweise erhebliche Mengen von Stärke. Das Mesophyll ist locker gebaut. Die Schnitte zeigen fast durchwegs einen starken Gehalt an Gerbstoff an.

III. Die Charakterisierung der Buchweizenpflanze nach dem Ausfall der Einzelproben

Der Buchweizen besitzt nicht die morphologischen und anatomischen Eigenschaften trockenheitsliebender Pflanzen. Seine Blattflächen sind groß, die Spaltöffnungen auf beiden Seiten zahlreich, seine Transpiration ist ansehnlich*). Trotzdem ist seine Widerstandsfähigkeit auf trockenen Standorten und in Trockenperioden außerordentlich beachtenswert, um so mehr, als seine Wurzeln nicht in tiefere Bodenschichten dringen, die weniger leicht der Aus-

---

*) So gaben 500 *g* gesicheltes Buchweizenkraut in 2 Stunden bei wechselndem Gewölk (18^0 C) 120 *g* Wasser ab. Die Pflanzen lagen nebeneinander ausgebreitet, ohne gewendet zu werden. Die einseitige Fläche der drei Blätter einer 25 Tage alten Pflanze berechnet sich im Durchschnitt auf 49·1 cm^2. Mit 35 Tagen und sechs Blättern hat die Pflanze eine einseitige Blattfläche von 90·8 cm^2 erreicht.

trocknung verfallen. Ein wichtiges Rüstzeug seiner Organisation wurde in der ihm eigenen Saugkraft erkannt. Diese Saugkraft ist eine Folge hoher osmotischer Kräfte der Buchweizenpflanze. Durch diese osmotischen Kräfte erreicht schon der Same des Buchweizens auf Agar-Agar und in trockener Erde einen Vorsprung in der Keimung vor anderen Samenarten, die normalerweise früher zur Keimung schreiten. Dieser Vorsprung gelangt auf trocken gewordener Gelatine noch deutlicher zum Ausdruck (Relativität der Keimzeiten). Daß eine Pflanze trockener Standorte Einrichtungen zu ansehnlichen Mengenausscheidungen tropfbar flüssigen Wassers besitzt, gehört zu den Seltenheiten. Im Buchweizen ist der Fall realisiert. Die Zeit, die bei ihm bei reichlicher Wasserzufuhr und bei Verwendung leichter Böden vom Beginn der Wasserdampfsättigung bis zum Erscheinen des ersten Guttationstropfens verstreicht, ist gering, geringer als beim Weizen. Sie wird bei Anwendung stärkerer Salzkonzentrationen erheblich verlängert, und zwar verzögert sich die Guttation beim Buchweizen mehr als beim Weizen. Die Guttationszeiten beider Pflanzen werden demnach ungleichsinnig (Relativität der Guttationszeiten). Die Verlangsamung der Guttation durch Kalksalze kann am Buchweizenkeimling deutlich wahrgenommen werden. Bei Verwendung von $CaCl_2$ kann durch Zufuhr von KCl die Guttation belebt werden, ein Antagonismus, der in der Buchweizenfrage wohl zu beachten ist und an die Anschauungen von P. Ehrenberg und Hansteen-Cranner erinnert. Bei Verwendung von Nitraten ($Ca(NO_3)_2 + KNO_3$) konnte eine Tendenz zur Aufrechterhaltung der Guttation nicht wahrgenommen werden.

Die Guttation ist ein für die pflanzliche Diagnostik außerordentlich wertvolles Mittel. Sie braucht dabei nur als Erscheinung betrachtet zu werden und nicht unter Zugrundelegung eines zweckdienlichen Vorganges. Eine Zweckmäßigkeit der Guttation bei den höheren Pflanzen könnte nicht allein in der von Stahl betonten, von Grafe gering eingeschätzten Exkretion liegen. Beim Buchweizen wäre eine Zweckmäßigkeit nur in der umgekehrten Richtung zu finden. Hier tritt die Guttation bei starker Wasserversorgung gerade bei den salzarmen Pflanzen am stärksten auf. Die neutral reagierenden Tropfen stark guttierender Pflanzen auf Sandböden hinterlassen nach ihrer Verdunstung keine Salzkruste, wohl aber bilden sich in den starken Salzkonzentrationen Salzeffloreszenzen, ohne daß eine sichtbare Guttation vorausging. In der Hauptsache wird vom guttierenden Buchweizen normalerweise Wasser hinausbefördert. Die Wasservergeudung durch Buchweizen bei reichlicher Wasserversorgung ist eine Konsequenz der Saugkraft und zugleich die Voraussetzung zu ihrer Erhaltung für eine Periode des Wassermangels. Der Guttationstrieb ist der Erzeuger eines Konzentrationsgefälles im Dienste der Saugkraft. Um die Saugkraft gruppiert sich die Physiologie und die Ökologie des Buchweizens. Alles was der Saugkraft entgegenwirkt oder die Elastizität ihrer „Ventile" verdirbt, läuft dem physiologischen Interesse der Buchweizenpflanze zuwider. Wenn die äußeren Bedingungen nicht ungünstig sind, gelangt die Störung erst verhältnismäßig spät im Vegetationsbild zum sichtbaren Ausdruck. Meist können erst zur Zeit der assimilatorischen Höchstleistung die Bedürfnisse des Organismus nicht mehr befriedigt werden. Gegen hohe Salzkonzentrationen an sich ist der Buchweizen nicht sonderlich empfindlich. Seine Empfindlichkeit steigt in dem Maße, in dem die Weiterentwicklung der Pflanze in Abhängigkeit von der Wirksamkeit der Saugkraft gerät (Einschaltung von Trockenperioden). Daß die Saugkraft nicht allein im Dienste der Wasserversorgung steht, braucht nicht betont zu werden. Eine Salzzufuhr bei bestehender oder drohender Wassernot muß auf den Buchweizen, der mit Hilfe der Saugkraft arbeitet, verhängnisvoller wirken als auf andere Pflanzen, die mit anderen Hilfsmitteln operieren (Tiefenwachstum der Pfahlwurzel, xeromorphe Blatteinrichtungen usw.). Die von der Praxis öfters berichtete Salzempfindlichkeit des jungen Buchweizens mag neben anderen Ursachen in der Erschwerung der Wasseraufnahme liegen. Die Veranlagung des Buchweizens zu rascher Aneignung der Kationen aus einer Salzlösung wird der Pflanze zum Nachteil, wenn sie dabei mehrwertige Kationen in einem Maße aufnimmt, welches die Grundlagen der Saugkraft erschüttert (Ca-Ionen, Mg-Ionen). Seine längst bekannte Vorliebe für Kali erklärt sich zum Teil aus den engen Beziehungen des Kaliums zur Wasserversorgung der Zelle. Daß der Buchweizen aus einer Salzlösung in vermehrtem Maße die Kationen aufnimmt, wurde auf verschiedenen Wegen in hohem Grade wahrscheinlich gemacht.

Buchweizenwurzeln hinterlassen auf Lackmus eine starke Rötung. Ob dadurch eine echte Wurzelsekretion angezeigt wird, oder ob eine solche durch die Aufnahme des freien Alkalis aus dem ursprünglich roten Lackmuspapier bloß vorgetäuscht wird, kann heute noch nicht entschieden werden. Jedenfalls wirkt der Säurebestandteil — sei er nun sezerniert oder im Gegenteil an der Wurzeloberfläche zurückgehalten — aufschließend auf Eisen und Phosphorsäure. Die bedeutsame Fähigkeit des Buchweizens, schwerlösliche Phosphate zu verwerten, hat schon lange Beachtung gefunden. Der Buchweizen unterhält einen lebhaften Säurestoffwechsel. Die Preßsäfte aller Organe weisen sowohl eine hohe Titrationsazidität als auch hohe Wasserstoffzahlen auf. Das leuchtende Anthozyan des Stengels ist der Ausdruck der hohen Azidität. Gegen veränderte Außenbedingungen zeigt dieses Anthozyan eine bemerkenswerte Stetigkeit. In den Zellen kommt es zu einer starken Ablagerung oxalsauren Kalkes, dessen Bildung durch Zufuhr salpetersaurer Salze experimentell im Sinne einer vermehrten Ablagerung zu beeinflussen ist. Die Diphenylamin-Schwefelsäurereaktion auf Nitrate verläuft in allen Organen stark positiv. Der Buchweizen tritt damit in Gegensatz zu anderen „kalkempfindlichen“ Pflanzen (Lupinus, Sarothamnus mit negativem Ausfall der Reaktion auf Nitrate). Dieser Gegensatz wird scharf betont durch eine Reihe weiterer Tatsachen, so z. B. durch das verschiedene Verhalten gegen experimentelle Eingriffe in die Entwicklung mit den Methoden der experimentellen Morphologie. Bemerkenswert ist die Resistenz des quellenden und keimenden Buchweizensamens gegen die photodynamische Wirkung fluoreszierender Farbstoffe (Eosin) wie auch gegen hohe Konzentrationen von Kalziumchlorid. Hervorzuheben ist die rasche Braunsteinbildung der Buchweizenwurzeln beim Eintauchen in eine Permanganatlösung.

Obwohl der Buchweizen seine Anbauflächen hauptsächlich in sandigen Gegenden findet, die auf die saure Seite neigen, kann er bei voller Betonung seiner Säureresistenz doch nicht als säure l i e b e n d e Pflanze bezeichnet werden.

Die (von NOBBE 1862 festgestellte) Eignung des Buchweizens zur Aufzucht in Wasserkulturen macht ihn zu einer beliebten Versuchspflanze. Das beste Rezept für ihn ist die van der CRONEsche Nährlösung. Das kritische Stadium der Aufzucht liegt in der Zeit von der Entfaltung der Keimblätter bis zum Erscheinen des ersten Laubblattes. Dieses kritische Stadium fällt zusammen mit der Erschöpfung der Reservestoffe. Der Übergang von der Keimpflanze zur selbständigen Pflanze ist beim Buchweizen sehr unvermittelt. Die zentrale Lage des Keims verleiht dem Keimbild einen besonderen Charakter. Vor dem Eintreffen eigener Assimilate ist der Keimling gegen eine Verschiebung des „Stoffquotienten“ (d. h. des Verhältnisses der organischen

Bestandteile zu den anorganischen) zugunsten der Mineralstoffe empfindlich.

Den tiefsten Einblick in den Charakter des Buchweizens gewährt uns der einfachste aller beschriebenen Versuche. Samen verschiedener Kulturpflanzen werden mit Buchweizen gemeinsam in Töpfe ausgelegt, denen nach der Keimung der Samen die Wasserzufuhr versagt bleibt. Der Abstand zwischen dem Dursttod der Begleitpflanzen und dem Dursttod des Buchweizens ist außerordentlich groß. Von besonderem Interesse wäre die Frage, ob dieser Durstabstand sich mit der Anwendung gedüngter Böden oder kalkhaltiger Böden verringert (Relativität der Xerophilie).

IV. Der Wert der Einzelproben zur Deutung bisheriger Untersuchungsergebnisse

1. Die Kalkempfindlichkeit des Buchweizens

Bei der Aufzucht der Lupine auf Kalkböden liegt die Krisis in einem ganz bestimmten Entwicklungsstadium. Sie liegt zwischen dem 20. und dem 25. Tag[2]). Diese Lage der Krise mit ihrem Höhepunkt und ihrem Nachlassen bei Lupinus muß bei der Diagnose der Kalkchlorose der Lupine berücksichtigt werden. Die wohl definierbaren, zum sichtbaren Ausdruck gelangenden Symptome, die an Lupinus an Kalkböden auftreten, werden am Buchweizen vergeblich gesucht. Zwar zeigt sich, wie M. v. WRANGELL[34]) berichtet, bei Buchweizen mit stärksten Kalkgaben eine Neigung des dritten Laubblattpaares zu vergilben. Indessen würden unter diesen Umständen viele Pflanzen, die wir unmöglich als kalkscheu bezeichnen können, ein blasseres Chlorophyll zeigen, wie denn auch hohe Salzkonzentrationen bei manchen Pflanzen zur Chlorophyllverblassung führen (MAIWALD[35]). M. v. WRANGELL konstatierte in anderen Fällen selbst bei stärksten Kalkgaben das Fehlen von Symptomen. Die Keimblätter des Buchweizens nehmen, wie die experimentell-morphologischen Proben gezeigt haben, auf Kalkböden weder bei unbehinderter Stammknospe noch nach Dekapitierung derselben die Konsistenz an, die wir am Lupinenkeimling auf Kalkböden antreffen. Wenn der Buchweizen kalkempfindlich ist, so sind am Zustandekommen der Empfindlichkeit ganz andere Faktoren beteiligt als bei Lupinus. In manchen Fällen dürften die physikalischen Eigenschaften von Kalkböden am Mißraten des Buchweizens schuld sein. Die Vorliebe für Kieselböden, auf die C. CONTEJEAN 1881 aufmerksam machte, ist noch kein zwingendes

Indizium der Kalkfeindlichkeit. Und doch müssen wir in Würdigung der zahlreichen bisher vorliegenden Versuche zugeben, daß die Einreihung des Buchweizens in die kalkscheuen Pflanzen zu Recht besteht, wenn wir auch nachdrücklich auf die Gründe aufmerksam machen mußten, die davor warnen, verschiedene kalkfeindliche Pflanzenarten von den gleichen Gesichtspunkten aus zu betrachten. (Den ersten Hinweis auf die Kalkempfindlichkeit des Buchweizens gab Ch. Sprengel 1839[37]), der auch in der deutschen Literatur zuerst auf das Mißraten der Lupine auf Kalkböden aufmerksam machte. Von der Kalkempfindlichkeit des Buchweizens sprachen in neuerer Zeit auch Dücker-Volkmarst[38]) und F. Bruns[39]). J. Fittbogen[40]) erntete im Mittel zweier Gefäße nur halb soviel Trockensubstanz, wenn er 20 *g* kohlensauren Kalk zur Grunddüngung gab. A. Blomeyer[41]) sprach davon, daß schwere Ton- und Kalkböden für den Buchweizen ungeeignet seien. Auch C. Langethal[42]) äußert sich ähnlich. Die deutsche Landw. Presse[43]) widerrät 1883 den Anbau von Buchweizen auf Ton-, Mergel- und Kalkböden. Ein von Oskar Loew[44]) zitierter Versuch von Furata läßt ebenfalls auf die Kalkempfindlichkeit des Buchweizens schließen.)

Der Ausdruck „Kalkfeindlichkeit" muß wohl oder übel mit der Zeit abgelöst werden, da das Magnesium auf den Buchweizen und auf die Lupine (in verschiedener Wirkungsweise[11]) ebenso schädliche Einflüsse ausübt. Am Buchweizen hat W. Fischer[45]) festgestellt, daß diese Pflanze noch mehr magnesiumempfindlich ist, als sie kalkempfindlich ist. Ätzmagnesia und kohlensaure Magnesia rufen Schädigungen hervor, die durch Kali nur wenig beeinflußbar sind. Eine OH-Ionenempfindlichkeit des Buchweizens kann in diesem Falle nicht vorliegen, da beim Vorliegen einer solchen Empfindlichkeit auch die starken Gaben von kohlensaurem Kalk, die unzweifelhaft eine alkalische Bodenreaktion bedingten, die Wirkung der Magnesiumsalze hätte erreichen müssen. Der Ausdruck Kalkempfindlichkeit muß ersetzt werden durch den Ausdruck: Empfindlichkeit gegen zweiwertige Kationen.

Der Ausfall verschiedener, in den vorhergehenden Kapiteln beschriebener Versuchsproben, welche die Bedeutung der Saugkraft für die Physiologie der flachwurzelnden, sandliebenden und doch wasserverbrauchenden Buchweizenpflanze betonen, mahnt uns die Kalkempfindlichkeit des Buchweizens im Zusammenhang mit seiner Wasseraufnahme und seinem Wasserhaushalt zu betrachten.

Andere Proben lenkten unsere Aufmerksamkeit auf die Anziehungskraft des Buchweizens für Kationen, also auch für Kalk und Magnesium. Die Empfindlichkeit des Buchweizens gegen zweiwertige Kationen muß auch von diesem Gesichtspunkt aus scharf beobachtet werden. Ein drittes wichtiges Moment trägt die Kalifreudigkeit*) des Buchweizens an die Frage der Kalkempfindlichkeit heran, der Buchweizen ist zweifellos eine kalihungrige Pflanze**).

Die Hemmung der Kalkschädigung kann beim Buchweizen durch Kalisalze wirkungsvoller erreicht werden als bei der Lupine.

Tabelle aus der Arbeit von W. FISCHER[45])

Pflanze	Grunddüngung	Grunddüngung + Kalk	Grunddüngung + Kalk + Kali
Lupine	26·75	15·28	23·28
Buchweizen	21·55	19·64	23·43

P. EHRENBERG[6]) zeigte, daß beim Buchweizen durch eine starke Kalkgabe stets die Kaliaufnahme zurückgedrängt wurde und einen Rückgang der Ernte an Trockensubstanz zur Folge hatte. Wurde indessen eine ausreichende Kaligabe verabfolgt, so konnte die Schädigung beseitigt und zum Teil die Ernte noch weiter erhöht werden.

---

*) MAERKER, Die Kalidüngung, 2. Aufl., 1914, 244, 1893. — Deutsche Landw. Presse, 10, 169, 1883. — Adolf MAYER, Landw. Verw. Stat., 49, 1898. — H. WILFARTH, Deutsche Landw. Presse, 29, 711, 1902. — H. WILFARTH und WIMMER, Journ. f. Landw., 51, 136, 1903. — GIERSBERG, Deutsche Landw. Presse, 36, 93, 1909. — C. v. SEELHORST, Handb. der Moorkultur, 2. Aufl., 276, 1914. — P. EHRENBERG und NOLTE, Journ. f. Landw., 62, 236, 1914. — G. HANNISCH, Ill. Landw. Ztg., 36, 288, 1916. — TH. PFEIFFER, Der Vegetationsversuch, 122, 1918. — R. HEINRICH und O. NOLTE, Dünger und Düngen, 7. Aufl., 140 und 142 (1918).

P. EHRENBERGS überraschende Kenntnis der Literatur, auch der ältesten, erleichterte mir die Sichtung des vorhandenen Materials außerordentlich.

**) Die Buchweizenasche ist reich an K_2O. Die ungünstigen Erfahrungen, die bisweilen mit einer Kalidüngung im Frühstadium des Buchweizens gemacht wurden, hängen zweifellos mit der schon besprochenen Salzempfindlichkeit zusammen, die unter Umständen eintritt[46]). Beim Buchweizen wirken nach ARNDT[14]) Rubidiumsalze bei Gegenwart von Kalisalzen stimulierend auf Wachstum und Fruchtbildung, wenn das

Zusammenstellungen von P. Ehrenberg

Buchweizen

	Trockenmasse g	Kali g	Kali %	Stickstoff %	P_2O_5
Ohne Kali- und Kalkdüngung	12·3 ± 0·28	0·303±0·014	2·47	3·77	2·92
Mit 40 g Kalkasche	8·5 ± 0·40	0·194±0·007	2·29	4·06	0·64
Weniger durch Kalk	3·8 ± 0·50	0·109±0·016	0·18	0·29	2·28
40 g Kalkasche und Zusatz von 1 g Kali zur Hälfte als KCl zur Hälfte K_2SO_4	13·1 ± 0·88	0·523±0·044	3·98	3·98	3·54
Nur Kalkasche	8·5 ± 0·40	0·194±0·044	2·29	4·06	0·64
Mehr durch 1 g Kali	4·6 ± 1·00	0·329±0·044	1·69	0·08	2·90

Die schädliche Wirkung der Kalksalze auf den Buchweizen ist (ganz wie bei Lupinus) an das Kation gebunden. Alle in Betracht kommenden Kalksalze mit Ausnahme des Gipses (und des Trikalziumphosphates) wirken in größeren

Verhältnis beider Salze etwa 1: 3 ist. Rubidiumsalze allein vermögen das Kali nicht zu ersetzen und bringen schwere Giftwirkungen hervor (Einrollungen der Blätter, Stärkeschoppung). Prianischnikow verglich verschiedene Kaliquellen in ihrer Wirkung auf den Buchweizen und auf andere Pflanzen.

	Ohne K_2O	Feldspat	Glimmer	Nephelingestein	K Cl
Buchweizen 1906	2·5	—	—	16·0	19·4
Weizen 1907	1·7	3·2	6·5	15·9	17·3
Senf	2·6	3·7	4·7	20·9	—
	2·7	5·8	11·2	12·7	13·9

Phonolith (ein Gemenge von kalihaltigen Mineralien, Nephelin, Sanidin, Leuzit u. a.), mit dem[20]) seinerzeit in Deutschland viele Versuche angestellt wurden, stand in den Versuchen von Prianischnikow dem Nephelingestein von der Weißmeerküste, beurteilt am Buchweizen, erheblich nach.

Mengen nachteilig. Das Anion ist von untergeordneter Bedeutung. Für den Gips*) hat W. FISCHER festgestellt, daß der Buchweizen gegen ihn völlig indifferent ist. Beim Kalziumnitrat und -chlorid war in diesen Versuchen der Ernteausfall gleich stark. Die von P. WAGNER[47]) zuerst festgestellte Schädigung des Buchweizens durch Dikalziumphosphate wurde bis zur Arbeit von W. FISCHER[45]) unter dem Gesichtswinkel der Phosphorsäureernährung der Pflanze betrachtet und zum Teil mit der geringen Verwertbarkeit dieses Salzes durch die flachen Buchweizenwurzeln gedeutet. Der Buchweizen hat in der Tat ein starkes Bedürfnis für P_2O_5. Indessen handelt es sich bei der Schädlichkeit des leichtlöslichen Dikalziumphosphates nicht um eine Unzugänglichkeit dieser Kalkform für den Flachwurzler, sondern um eine Übersättigung mit dem Kation Ca·. ++ W. FISCHER hat der Schädigung durch das Dikalziumphosphat durch Düngung mit Dikaliumphosphat mit Erfolg entgegengewirkt. Nützt der Hafer das leicht lösliche Dikalziumphosphat besser als der Buchweizen aus, so ergibt sich beim Trikalzium- und Angaurphosphat das umgekehrte Verhalten.

Tabellen zu den Versuchen mit Buchweizen und Dikalziumphosphat

P. WAGNER[47])

	Buchweizen	Erbse	Hafer	Wicke
	g	g	g	g
Mit Kalkphosphat	31·3	43·8	24·5	39·2
Ohne ,,	31·6	32·4	19·6	29·5
	— 0·3	+ 11·4	+ 4·9	+ 9·7

PFEIFFER u. a., 1915[48])

Dikalziumphosphatdüngung	Erntetrockenmasse in Gramm	
	Hafer	Buchweizen
—	22·6 ± 0·62	16·9 ± 0·79
0·2	65·0 ± 1·41	32·1 ± 1·87
0·4	104·5 ± 2·24	39·4 ± 2·40
0·6	122·4 ± 2·24	50·6 ± 1·59
2·0	167·7 ± 2·48	54·9 ± 1·02

*) M. v. WRANGELL berichtet, daß der physiologische saure Charakter des Gipses beim Buchweizen deutlich zum Ausdruck gelangt[34]).

PFEIFFER 1917[49])

Buchweizen mit 0·6 *g* Dikalziumphosphat erbrachte an Trockenmasse	52·9 ± 0·74 *g*
Buchweizen mit 2·0 *g* Dikalziumphosphat erbrachte an Trockenmasse	32·9 ± 4·29 *g*
Unterschied	20·0 ± 4·35 *g*

Die Erscheinung der Kalkempfindlichkeit des Buchweizens erhält nach Prüfung aller in Betracht kommenden Faktoren folgende Deutung: Die zweiwertigen Kationen werden, wenn nicht genügend antagonistische Ionen (Kali) zugegen sind*), von den Wurzelzellen, die auf Kationen eine besondere Anziehungskraft ausüben, festgehalten und verändern die Zellstruktur in einem der Saugkraft nachteiligen Sinne. In dieser Saugkraft liegt ein guter Teil der physiologischen und ökologischen Fähigkeiten und Hilfsmittel des Buchweizens begründet. Gleichzeitig findet eine Beeinträchtigung der Kaliaufnahme statt, worauf P. EHRENBERG[7]) vor einiger Zeit aufmerksam machte. Zu einer akuten Krisis kommt es nicht. Die Kalkschädigung verläuft langsam.

2. Die Zugänglichkeit schwer löslicher Phosphorverbindungen für den Buchweizen

Ob die Buchweizenwurzel tatsächlich eine Sekretion nach außen im Sinne echter Wurzelausscheidungen entfaltet oder ob diese Ausscheidungen durch den Vorsprung der Kationenaufnahme nur vorgetäuscht werden, ist praktisch insoferne gleichbedeutend, als in beiden Fällen die bodenaufschließende Kraft der Wurzel vermehrt wird. Bekannt und in der Literatur besonders betont ist die Ausnützungsfähigkeit schwerlöslicher Phosphate durch den Buchweizen (Abb. 30).

Nach SCHREIBER[50]) zeigt die Mehrzahl der Getreidearten bei Phosphoritdüngung keine Erntezunahme, ebenso verhielten sich Lein und Tabak; dagegen ergaben Buchweizen, Erbsen, Senf, Hanf eine deutliche Zunahme.

Weitere Belege für das hohe Aufschließungsvermögen des Buchweizens für P_2O_5.

---

*) Die Fähigkeit der Kolloide, Ionen zu adsorbieren, hängt in erster Linie von deren Wertigkeit ab, und zwar werden mehrwertige Ionen wesentlich stärker adsorbiert als einwertige; nur wird die Adsorption eines Ions durch ein anderes beeinflußt und in um so stärkerem Maße verhindert, je stärker die Adsorbiertheit des letzteren ist.

Tabelle von KOSSOWITSCH und GEDROIZ[20])

P_2O_5-Aufnahme

Lupine	114 *mg*	Phleum pratense	31 *mg*
Erbse	87 „	Winterroggen	32 „
Buchweizen	65 „	Luzerne	38 „

Tabelle von PRIANISCHNIKOW[20])
(Arbeiten von 1904—1907)
P_2O_5-Aufnahme bei gleichzeitigem Kalkzusatz
(Abb. 31 und 32)

	0	¼%	½%	¾%	1%	
	$CaCO_3$ in Gramm					
$Ca(H_2PO_4)_2$	20·7	19·5	25·7	25·7	23·2	Buchweizen
$Ca_3(PO_4)_2$	18·9	—	15·4	8·3	8·0	Hafer
Knochen	9·7	—	5·7	4·2	3·4	Weizen
Phosphorit	13·0	4·3	1·0	0·9	0·5	Buchweizen
Thomasschlacke	22·7	21·5	25·1	23·1	25·5	Gerste
„	23·6	23·7	25·3	22·2	18·4	Buchweizen

Der Kalkzusatz beeinflußt in geringerem Grade Mono- und Dikalziumphosphat und Thomasschlacke, umgekehrt sind Trikalziumphosphat, Knochen und Phosphorit überschüssigem Kalk gegenüber außerordentlich empfindlich.

Tabelle von O. LEMMERMANN[51]),
aus welcher eine höhere Ausnutzung der Rohphosphate durch Buchweizen nicht hervorgeht

	Einzelerträge	Mittelerträge	Mehrerträge
ohne P_2O_5	22·5 + 28·38 + 16·62	22·5	—
0·3 *g* als Sucherphosphat	36·14 − 35·31 + 21·91	31·1	8·6
0·3 *g* „ Algierphosphat	10·41 + 9·76 + 6·57	8·9	—

Die verschiedenen Phosphate weisen in bezug auf ihre Ausnutzungsfähigkeit durch die Pflanze bestimmte Unterschiede auf. Der Phosphorit von Podolsk steht nämlich demjenigen von Rjasan, Smolensk, Kursk und Kostrome bedeutend nach, wie PRIANISCHNIKOW[20]) berichtet.

	Lösliche P_2O_5	Rjasan	Smolensk	Kostrome	Wjatka	Podolsk
Erbsen	100	64·4	62·5	52·6	41·6	52·1
Buchweizen	100	45·0	62·0	—	—	29·3

In der Beurteilung der Phosphorsäurebedürftigkeit eines Bodens, wie sie PRIANISCHNIKOW lehrt, ist die Antwort des Buchweizens auf eine Phosphorsäurebedüngung, bzw. das Ausbleiben einer Reaktion von großer Bedeutung. Es sind folgende vier Kardinalfälle möglich:

A. Kein einziger Phosphatdünger wirkt auf irgend eine Kultur ein; das ist dann der Fall, wenn der Boden an leicht löslicher Phosphorsäure reich ist (wasser- und zitratlösliche Phosphate).

B. Die lösliche Phosphorsäure des Düngers wirkt auf das Getreide, aber nicht auf Buchweizen und Lupine, das deutet darauf hin, daß der Boden wenig leicht zugängliche Phosphorsäure enthält, daß aber letztere in den Elementen des „Bodenreichtums" genügend enthalten ist. (Auf einem Boden von Poltawa reagierten Weizen und Erbsen sehr stark, wogegen Buchweizen beinahe vollkommen unabhängig davon war.)

C. Die lösliche Phosphorsäure des Düngers wirkt auf alle Pflanzen und Phosphorit nur auf Lupine und Buchweizen. Das zeigt, daß der Boden einen allgemeinen Mangel an Phosphorsäure aufweist, aber keine sauren Eigenschaften besitzt.

D. Alle Phosphate (einschließlich des Phosphorits) wirken auf alle Kulturen ein; das deutet darauf hin, daß der Boden im allgemeinen an Phosphorsäuremangel leidet und dabei ausgesprochen saure Eigenschaften besitzt.

3. Die „Chlorbedürftigkeit" des Buchweizens

Am bekanntesten von allen physiologischen Eigenschaften des Buchweizens ist seine „Chlorbedürftigkeit" geworden. An der Hervorhebung dieser Eigenschaft, die gar nicht einmal buchweizenspezifisch ist, trägt der geschichtliche Abstand, der zwischen der Verkündigung der „Chlorbedürftigkeit" im Jahre 1862 bis heute liegt, einen guten Teil bei. Je älter eine Vorstellung ist, um so schwerer ist sie auszumerzen, wenn sie sich als übertrieben erweist. Sie ist unterdessen in die Lehrbücher übergegangen, die ihrerseits wieder zu Quellen ihrer weiteren Verbreitung werden. Die Lehre von der „starken Chlorbedürftigkeit" des Buchweizens ist nicht ohne Nachteil in der landwirtschaftlichen Praxis bekannt geworden. Sie war (namentlich in Holland) der Anlaß zu einer übertriebenen Düngung mit Kalirohsalzen. Niemand trifft ein Vorwurf. Die NOBBEschen Arbeiten waren von einer meisterhaften Sorgfältigkeit. Ich konnte bei der Absuchung der damaligen landwirtschaftlichen Literatur nicht die unsachliche Tendenz zu frühzeitiger Popularisierung von Forschungsergebnissen finden, die oft genug das Kennzeichen der Gegenwart ist.

Zwischen 1862 und 1922 haben sich außerordentlich viele Arbeiten mit der Chlorbedürftigkeit des Buchweizens befaßt. Es ist unmöglich sie nachzuprüfen, aber es ist wohl möglich, nachträglich die Methoden zu kritisieren. In den Jahren, in die NOBBEs Versuche fallen, teilte man die Stoffe, mit denen die Pflanzen in Berührung kommen, ein in Nährstoffe und in Nicht-Nährstoffe. Die Regulation der Stoffaufnahme durch den Antagonismus der im Nährgemisch vorhandenen Ionen war ebensowenig bekannt wie die spezifische Wirkung einzelner Ionen auf Adsorption und Permeabilität, ohne daß diese Ionen in den Stoffwechsel der Zelle einbezogen werden. Daß in einem Salzbestandteil der Charakter eines Wehrstoffes (Antagonismus) und eines Nährstoffes liegen kann, war der damaligen Vorstellung noch fremd. Diese Gesichtspunkte verschaffen sich selbst in der Gegenwart nur langsam Berücksichtigung. Das Sulfat des Kaliumsulfates, um ein Beispiel zu geben, greift in dreifacher Beziehung in das Leben der Pflanze ein. Einmal erhöht das Sulfat des (physiologisch-sauren) Salzes die Azidität der Bodenlösung (bzw. setzt die Alkalinität herab), zweitens kommt dem Sulfation eine ganz bestimmte kolloidchemische Rolle an den Oberflächen und im Innern der Zelle zu gemäß seiner Stellung in der HOFMEISTERschen Reihe. Endlich liefert das Sulfat als wirklicher Nährstoff den für die Eiweißbildung nötigen Schwefel. Daß dem Chlorid eine guttationsfördernde Eigenschaft zugeschrieben wird, sei unter Hinweis auf die Buchweizenguttationsprobe hier erwähnt.

NOBBE arbeitete mit Wasserkulturen. Seine Normallösung bestand aus je vier Äquivalenten $K\,Cl$, $Ca\,(NO_3)_2$, $Mg\,SO_4$, aus 0·133 phosphorsaurem Kali und aus 0·033 *g* phosphorsaurem Eisenoxyd. Wenn nun NOBBE das Chlorid des Kaliums durch das Sulfat ersetzte, also die Sulfationen unmäßig vermehrte, so erhielt er eine starke Depression des Wachstums von einem gewissen Entwicklungsstadium ab.

In anderen Versuchen tauschte er die Kationen und fand die Base, an die das Chlor gebunden war, von großer Bedeutung. Es ist dies selbstverständlich. Wenn NOBBE von den ungünstigen Einflüssen des Chlormagnesiums spricht, so nimmt uns das heute nicht Wunder, nachdem das Chlormagnesium aus allen Rezepten für Nährlösungen verschwunden ist. Die morphologischen und anatomischen Unterschiede, die zwischen einer mit Chlor versehenen und ohne Chlor erwachsenen Pflanze in den NOBBEschen Versuchen bestehen, wären nicht ohne weiteres ein Beweis für die Chlorbedürftigkeit des Buchweizens gewesen, eine Pflanzenschädigung durch die starke Vermehrung der Sulfate wäre ebenso denkbar. Die Chlorbedürftigkeit des Buchweizens in der NOBBEschen Nährlösung war bis zu einem gewissen Grade sicherlich die Chloridionenbedürftigkeit der Nährlösung. (ARNDT z. B. berichtet, daß eine Chlorbedürftigkeit bei mäßig gehaltenem Nitratgehalt der Nährlösung nicht sichtbar werde. — Entbehrlichwerden antagonistischer Ionen?)

Wir mußten auf die Trugschlüsse aufmerksam machen, unbeschadet der Tatsache, daß die neuere Forschung ein Chlorbedürfnis für den Buchweizen wie für andere Pflanzen festgestellt hat. Wie leicht selbst geübte und erfahrene Pflanzenphysiologen einem Versuchsfehler erliegen, zeigt die Arbeit von ASCHOFF[52]), die der Chlorbedürftigkeit der Pflanzen gewidmet war. ASCHOFF hat in der chlorfreien Nährlösung das Kaliumchlorid einfach weggelassen und gibt den Kaligehalt dem Kaliumchlorid entsprechend gleichmäßig in beiden Lösungen mit 76·7 *mg* an, während in der chlorhaltigen Lösung noch das dem angewandten $K_2 H PO_4$ entsprechende Kali mit 55·0 *mg* hinzuzuzählen und in der chlorfreien Lösung nur diese Menge zu berücksichtigen gewesen wäre. So aber konnte das Zurückbleiben der chlorfreien Nährlösung sehr wohl auf einen Kalimangel beruhen.

Die historische Entwicklung der Frage

1862. NOBBE und SIEGERT[12]) schreiben den Satz: „Das Chlor scheint wesentlich für die Samenbildung der Buchweizenpflanze zu sein."

1863. NOBBE und SIEGERT[15]). „Das Chlor ist ein spezifischer Nährstoff der Buchweizenpflanze, insofern dieses Element Funktionen vertritt, ohne welche die genannte Pflanze den Fruchtbildungsprozeß nicht zu vollführen vermag. Die förderliche Wirkung des Chlors tritt nur vollkräftig ein, wenn dasselbe mit Kalium und Kalzium, in sehr geringem Grade, wenn es mit Natrium oder Magnesium der Pflanze geboten wird.

1864. NOBBE[53]). Im bioplastischen Prozeß der Buchweizenpflanze obliegt dem Chlor eine eigentümliche, auf die Fruchtausbildung gerichtete und durch Phosphorsäure, Salpetersäure und Schwefelsäure nicht vertretbare

Funktion. Seine Krankheitsbeschreibungen der chlorfreien Buchweizenpflanze werden wiedergegeben unter Hinweis auf die oben gegebenen Darlegungen.

Befund NOBBES an

chlorführenden	chlorfreien
Buchweizenpflanzen zur Blüteperiode	
Normal	Dickfleischige Blätter (dunkelgrün, steif u. brüchig). Einwärtsrollen der Blätter, verkorkte Basalfläche, Oberhaut leicht abtrennbar, Lockerung der Parenchymzellen, wulstige Ringe am Stengel, Absterben der Stammspitze.
Mit fortschreitender Fruchtausbildung kontinuierliche Abnahme der Stärke. (Blätter geben in Jodglyzerin eine gelbliche Färbung.)	Außerordentlich große Menge von Stärkemehl in den Pflanzen zur Blütezeit. (Blätter geben in Jodglyzerin eine tiefblaue Färbung.) Stärkeschoppung.

1865. LEYDHECKER[54]). Die chlorfreien Buchweizenpflanzen rollten nach der Unterseite ein. Auf der unteren Seite der Blätter zeigten sich kleine, zum Teil blasig aufgetriebene Flecken. Die oberen Seiten dagegen blieben glatt, hatten aber an manchen Stellen ein glänzendes Aussehen.

1866. HAMPE[55]). Unterstreichung der NOBBEschen Versuche.

1869/70. NOBBE[56]). Die Versuche sind besonders interessant, wenn sie nicht einseitig vom Standpunkt der Chlorbedürftigkeit betrachtet werden.

Vier verschiedene Anionen des Kaliums
Versuchsbeginn 7. Mai 1869
Erste Beobachtung 5. Juni

I.	KCl	Pflanzen gesund und gleichmäßig.
II.	KNO_3	Massenbildung geringer wie bei I.
III.	K_2SO_4	Die Pflanzen entschieden schwächer als in I., II., IV. Gehemmte Längsstreckung der Internodien, Dickfleischigwerden der Blätter.
IV.	KH_2PO_4	Im allgemeinen von I. nicht verschieden.

Beobachtungen am 14. Juni

I. und II. normal fortgeschritten, vier Blätter entfaltet, III. krankhafte Erscheinungen. Die zwei bis drei vorhandenen Blätter sind zum Teil eingerollt, dickfleischig und mißfarbig. Empfindlichkeit des Buchweizens gegen Sulfate?

(Sulfate der Wasserversorgung hinderlich.) IV. läßt entschieden gegen I. und II. nach. (NOBBE hat übersehen, daß das KH_2PO_4 von Haus aus sauer reagiert und mit den anderen Salzen demnach gar nicht verglichen werden darf.)

Mikroskopische Untersuchungen am 17. Juni

I. und II. bedeutend weniger Stärke im Mesophyll als II. und IV.

Beobachtungen am 6. Juni

Ein Teil der Pflanzen bei I. und II. im Erbleichen, bei III. und IV. krankhaft verbuttet.

1890. ASCHOFF[52]) sieht im Chlor einen notwendigen vegetativen Faktor. (Siehe die Kritik seiner Methodik.)

1901. A. MAYER[56]). Der Bedarf an Chlor ist beim Buchweizen kein großer, bei völligem Ausschluß einer jeden Spur von Chloriden kommt es zu Vegetationsdepressionen.

1907. PFEIFFER. (Siehe Nr. 59.) Die Einführung von 324 *mg* Chlor in die Düngung hatte eine geringe Pflanzenschädigung verursacht.

1911. CZAPEK. Der Anteil, den die Chlorionen an den Funktionen im Stoffwechsel einnehmen, wechselt je nach den Ernährungsbedingungen.

1916. PFEIFFER und SIMMERMACHER. Das Chlor gehört zu den für viele Pflanzen unentbehrlichen Nährstoffen.

Die Buchweizenpflanze hat nur ein sehr geringes Chlorbedürfnis.

Eine größere Menge von Chlorverbindungen übt einen ungünstigen Einfluß auf das Wachstum der Buchweizenpflanze aus.

Damit dürfte die Frage der Chlorbedürftigkeit des Buchweizens auf das richtige Maß zurückgeführt worden sein. Die Frage der Chlorionenbedürftigkeit eines Nährsalzgemisches zur Aufrechterhaltung der Stabilität der Lösung und zur Aufrechterhaltung der pflanzlichen Saugkraft kann nicht generell beantwortet werden und muß von Fall zu Fall entschieden werden.

Literatur

[1]) HILTNER, E., Landw. Jahrbücher, Bd. LXI, 1924. — [2]) MERKENSCHLAGER, F., Fühlings Landw. Ztg., 1921, 70. Bd., S. 19 bis 24 und 232 bis 280. DERSELBE, Deutsche Landwirtschaftl. Presse, 49. Jahrg., 1922, Nr. 62. DERSELBE, Ernährung der Pflanze, XVIII. Jahrg., 1922, Nr. 21. DERSELBE, Zeitschrift für Pflanzenernährung und Düngung, 2. Jahrg., Heft 11. BOAS und MERKENSCHLAGER F., Zentralbl. für Bakt., Bd. 55, 1922, S. 508 bis 515. DIESELBEN, Landw. Fachpresse für die Tschechoslowakei, 1. Jahrg., Nr. 3, 1923. — [3]) HUBER, B., Jahrbuch für wiss. Bot., 64, 1920, S. 1 bis 120. URSPRUNG und BLUM,

Ber. d. D. Bot. Ges., 34, 1916, S. 539. — [4]) FITTING, H., Zeitschr. f. Bot., 3, 1911, S. 209. — [5]) BOURCHADAT, Recherches sur les végét., 1846, p. 14. — [6]) EHRENBERG, P., Landw. Jahrb., 1920, S. 86. — [7]) BISCHOFF, Journ. f. Landw. 1916, S. 26. — [8]) SCHNEIDEWIND, Die Ernährung der landw. Kulturpflanzen, Parey 1900. — [9]) MERKENSCHLAGER, F., Sinapis. Eine Kulturpflanze und ein Unkraut, 99 S. Gerber, München 1925. — [10]) KAPPEN, Landw. Vers. Stat., 91, S. 1 bis 90, 1918. — [11]) BOAS, F. und MERKENSCHLAGER, F., Die Lupine als Objekt der Pflanzenforschung, *141* S., Parey 1923. — [12]) NOBBE und SIEGERT, *Landw.* Vers. Stat., VI, S. 318. — [13]) Siehe die Sammelreferate in „Ernährung der Pflanze", 1923 u. 1924. — [14]) ARNDT, Die Ernährung der Pflanze, XVIII, Nr. 23, 1923. — [15]) NOBBE und SIEGERT, Landw. Vers. Stat., V, S. 116. — [16]) PFEIFFER, TH., Der Vegetationsversuch, Berlin, Parey. — [17]) WARNEBOLD, Landw. Jahrb., 49, 1916, S. 215. — [18]) NOBBE, Landw. Vers. Stat., 6, S. 34. — [19]) SCHULZE, B., Landw. Vers. Stat., 65, 1907, S. 137. — [20]) PRIANISCHNIKOW, D., Düngerlehre, Berlin, Parey. — [21]) BOAS, F., und MERKENSCHLAGER, F., Biochemische Zeitschrift, Bd. 155, S. 197, 1925. — [21a]) DIENER, H. O., Eine im Manuskript vorliegende Arbeit, Weihenstephan, Bot. Inst. — [22]) BENECKE W., Bot. Ztg., 61, 1903, S. 98. — [23]) ASO, Bull. Agric. Coll., Tokio, Vol. V, p. 239 (1922). — [24]) HANSTEEN-CRANNER, Berichte der Deutschen Bot. Ges., 1919, Heft 8, S. 380. — [25]) MERKENSCHLAGER, F., Keimungsphysiologische Probleme, Freising 1924. — [26]) KANZLER, L., Beiträge zur Physiologie der Keimung. Diss., Weihenstephan 1924. — [27]) *V.* GRAFE, *Chemie* der Pflanzenzelle, Berlin 1922. GRAFE geht an verschiedenen Stellen seines Buches auf die Fragen ein. (Siehe auch ROBINSOHN, J., Sitzungsbericht d. Akad. d. Wiss., Wien. Math.-naturw. Klasse, Abt. I, Bd. 133, Heft 7 und 8, 1924.) — [28]) KUNZE, G., Jahrb. f. wiss. Bot., 42, 1906, S. 372. — [29]) BAUMANN und GULLY, Mitt. d. K. B. Moorkulturanstalt, Heft 4, 1910, S. 31 bis 156. — [30]) PFEIFFER, SIMMERMACHER und SPANGENBERG, Landw. Vers. Stat., 89, 1917, S. 203, — [31]) KINZEL, W., Prakt. Blätter für Pflanzenbau und Pflanzenschutz, 1925, S. 291. — [32]) HILTNER, L., und GENTNER, G., Landw. Jahrb. für Bayern, 1913, S. 526 u. a. — [33]) Über die Ökologie von Sinapis arvensis und Raphanus Raphanistrum wird eine Arbeit von F. VOGEL, Weihenstephan, erscheinen. — [34]) M. v. WRANGELL, Gesetzmäßigkeiten bei der Phosphorsäureernährung der Pflanzen. — [35]) MAIWALD, K., Angewandte Botanik, Bd. V, 1923, S. 33 bis 70. — [36]) CONTEJEAN, CH., Géographie botanique, 8, Paris 1881. — [37]) SPRENGEL, CH., Lehre vom Düngen, Leipzig 1839, S. 298. — [38]) DÜCKER-VOLKMARST, Ill. Landw. Ztg., 36, S. 293, 1916. — [39]) BRUNS, F., Ebenda, S. 279. — [40]) FITTBOGEN, I., Landw. Jahrb., V, S. 805, 1876. — [41]) BLOMEYER, A., Kultur der landw. Nutzpflanzen (S. u. Nr. 6). — [42]) LANGRTHAL, CH., Pflanzenbau, 5. Aufl., 3, 80, 1874, 1, 452, 461, Leipzig 1889. — [43]) Deutsche Landw. Presse, 10, 169,

1883. — [44]) LOCW, O., zitiert Furata, Landw. Jahrb., 31, 571, 1902. — [45]) FISCHER, W., Landw. Jahrb., 58, 1923, S. 35. — [46]) Arbeiten der D. L. G., 56, 151, 1901; 67, 109, 1902; 81, 102, 1903. — [47]) WAGNER, P., Landw. Jahrb., 12, 636; 38, 1883. — [48]) PFEIFFER, SIMMERMACHER und SPANGENBERG, Landw. Vers. Stat., 87, 191, 1915. — [49]) PFEIFFER, TH., Landw. Vers. Stat., 89, 205, 1917. — [50]) SCHREIBER, Biedermanns Zentralbl., 1897, Heft 12. — [51]) LEMMERMANN, O., Untersuchungen über verschiedene Düngungsfragen. Arb. d. D. L. G., Heft 297, 1919, S. 140. — [52]) ASCHOFF, Landw. Jahrb., Bd. 19, 1890, S. 113. — [53]) NOBBE, Landw. Vers. Stat., VII, S. 371. — [54]) LEYDHECKER, Landw. Vers. Stat., 8, S. 177. — [55]) HAMPE, Landw. Vers. Stat., 9, S. 64. — [56]) NOBBE, Landw. Vers. Stat., XIII, S. 32. — [57]) MAYER, AD., Journ. f. Landw., Bd. 49, 1901, S. 47. — [58]) CZAPEK, Biochemie der Pflanzen. — [59]) PFEIFFER und SIMMERMACHER, Landw. Vers. Stat., 88, 1916, S. 105.

V. Anhang. Nichtphysiologischer Teil

Die physiologische Buchweizenliteratur ist *zum Teil in* morphologischen Arbeiten vergraben. Jeder, der sich längere Zeit dem Studium einer Pflanze widmet, kommt nach und nach mit allem in Berührung, was je über diese eine Pflanze geschrieben ward. Die Ordnung und Sichtung des gefundenen nichtphysiologischen Materials fällt dann leichter als der Verzicht auf seine Bergung. Dieser Verzicht fällt um so schwerer, je mehr eine Pflanze nach einer monographischen Bearbeitung verlangt. Durch die Angliederung des nichtphysiologischen Teils erhält diese Abhandlung den Charakter einer Buchweizenmonographie. Der Buchweizen tritt damit als dritte Pflanze zu den Kulturpflanzen, die unter meiner Mitarbeit bereits eine monographische Darstellung erfahren haben. (Lupinus luteus und Sinapis alba, diese in Parallele zu Sinapis arvensis.)

Die Blüte des Buchweizens

Die Blüte der Polygonaceen. PAYER und EICHLER gaben dem Diagramm der Polygonaceen die Formel $P\,3 + + 3\,A\,3 + 3\,G\,3$ als Ausgangsform. Die morphologische Deutung der Polygonaceenblüten operierte also mit der Dreizahl. („Die Blüten der Polygonaceen sollen nach demselben Plan gebaut sein, wie beim Gros der Monokotylen, bald drei-, bald zweizählig, oft auch in Vermittlung von Zwei- und Dreizahl nach zwei Fünftel“ (EICHLER).) Dagegen kommt R. BAUER[1]) zu folgenden Schlußfolgerungen: Bei den Polygonaceen ist Dédoublement im äußeren Staminalkreise nicht vorhanden. Nicht die Dreizahl, sondern die Fünfzahl liegt dem Bauplan der Ausgangsform zugrunde. Die Stellungs- und Zahlenverhältnisse des inneren Staminalkreises werden bedingt durch die Stellungs- und Zahlenverhältnisse des Fruchtknotens. Vermehrung und Verminderung der Blütenteile erfolgt sektorweise.

Die Gattung Fagopyrum. Die Gattung Fagopyrum unterscheidet sich besonders durch die breiten, gefalteten Keimblätter von Polygonum. Die Gattung enthält in Europa nur zwei Arten, den gemeinen Buchweizen Fagopyrum esculentum und den tatarischen B. F. tataricum. Während die Nüsse des ersteren dreikantig sind wie die Bucheckern (daher der Name Buchweizen) (Abb. 8), sind die Kanten der Nüsse des letzteren ausgeschweift gezähnt. Jener hat weiße oder rosenrote, dieser grüne Blüten[2]). (Der von FRUWIRTH als Art angegebene F. emarginatum Roth aus Amerika scheint eine Subspezies von F. esculentum zu sein.)

Abb. 7. Fruchtstand und Frucht des Buchweizens

KUNTZE[3]) hat Bastarde von F. esculentum, F. tataricum verwildert bei Leipzig beobachtet. Bastardierung innerhalb der Arten wurde bisher nicht versucht. ALTHAUSEN hat die Bastardierung mehrerer Arten vorgenommen und nimmt in einzelnen Fällen Xenien bei der Fruchtschale an, während andere Individuen der gleichen Vereinigung direkt unbeeinflußte Früchte brachten. Teils wurden die Bastardierungen künstlich ohne Kastration vorgenommen, teils durch Einschluß beider Formen in Gazekästen und Einbringen von Bienen in dieselben. Die von ALTHAUSEN erhaltenen Xenien, welche demnach echte Xenien wären, zeigten die folgend angeführten Abweichungen:

F. tatar. F. esc.: Fehlen der Höcker an den Kanten, F. esc. F. tatar.: Auftreten der Höcker an den Kanten[4]). Zur Technik der Bastardierung ist zu sagen, daß das Kastrieren unterbleiben kann, weil eine Selbstbestäubung wirkungslos ist. Die Pflanzen sind lediglich gegen Insektenbesuch und Wind zu schützen. Es genügt, fremden Pollen auf die Narben eben aufgeblühter Blüten zu bringen.

Die Spezies — Blütenstand. Die Infloreszenz des Buchweizens stellt eine aus Büscheln zusammengesetzte Traube dar. Jede Traube enthält fünf bis zehn zentripetal nach zwei Fünftel (drei Fünftel) angeordnete Blütenbüschel; jeder Büschel besteht aus zwei bis zehn gleichfalls zentripetal entwickelten Blüten. Würden diese Blüten sich sämtlich zu Früchten ausbilden, so müßte (da auch die Zahl der Trauben an reichverzweigten Individuen eine sehr beträchtliche ist) die Vervielfältigung des Buchweizensamens nach Tausenden zählen. Indessen entwickeln sich selten mehr als eine oder zwei Blüten eines Büschels, die übrigen verkümmern, und die höchstgestellten Büschel einer Traube bringen, wie die Terminaltraube, in der Regel keine reifen Früchte.

Lockmittel der Blüte. Die Blüten sind durch ihre Färbung und dichtgedrängte Stellung sehr augenfällig; sie verbreiten einen, übrigens nicht gerade gefälligen Duft und sondern außerdem mit acht an den Basen der Staubblätter sitzenden goldgelben, kugeligen Drüsen reichlichen Nektar aus, welcher offen im Grunde des ausgebreiteten Perigons liegt und allgemein zugänglich ist[5]). Zu den Besuchern gehören Fliegen und Schwebfliegen, dann Bienen und Hummeln, sowie Sphegidaearten. Honigbienen kommen außerordentlich häufig angeflogen. Blütezeit: Juni bis August.

ALTHAUSEN beobachtete in der Züchtung auf rote Farbe das Auftreten spontaner Variationen auf rote und weiße Blütenfarbe.

Heterostylie. Von den acht Staubblättern stehen drei dicht um den Griffel und wenden die mit Pollen bedeckte Seite ihrer Antheren nach außen, die fünf übrigen sind mehr nach außen gebogen und drehen die pollenbedeckte Antherenseite nach innen, so daß besuchende Insekten sich auf beiden Seiten mit Pollen beladen. In den langgriffeligen Blüten überragen die Narben die Antheren um die ganze Länge der Staubblätter[7]), in den kurzgriffeligen nehmen die Narben etwa die halbe Höhe der Staubblätter ein, die weit aus den Blüten hervorstehen. Die Pollenkörner der kurzgriffeligen Form sind größer, die Pollenmutterzellen nahezu doppelt so dick als die der langgriffeligen. Besuchende Insekten streifen in den langgriffeligen Blüten die Antheren meist mit dem Kopfe, in den kurzgriffeligen mit der Unterseite oder den Seiten von Brust und Hals; in umgekehrter Weise werden jedesmal die Narben berührt und also in der Regel Kreuzbestäubung vollzogen, indem der Pollen der langgriffeligen Form auf die Narben der kurzgriffeligen und umgekehrt der Pollen der kurzgriffeligen Form auf die Narben der langgriffeligen abgesetzt wird[5]) („Legitime Bestäubung"). Der Dimorphismus der Narben wurde zuerst von HILDEBRANDT festgestellt (Heterostylie). LOEW und SCHULZ geben an, daß sie auch Pflanzen mit nur ♀ und solche mit nur ♂ Blüten fanden. Solche Blüten sind indessen ebenso selten wie das von SCHULZ und von FRUWIRTH beobachtete Vorkommen von Zwitter- und eingeschlechtlichen Blüten bei einer Pflanze. TISCHLER[8]) stellte bei anderen heterostylen Pflanzen fest, daß die Heterostylie in verschiedenem Grade vorhanden sein kann, beeinflußbar durch äußere Verhältnisse. Bei Fagopyrum esculentum wurden Zwitterblüten beobachtet, die als physiologisch männlich zu betrachten sind, weil der Fruchtknoten klein, kurzgriffelig und ohne Narben bleibt. An den langgriffeligen Individuen finden sich einzelne Blüten mit kürzeren Griffel, dessen Narben sich dann zwischen den Beuteln der inneren Staubblätter finden, wodurch Selbstbestäubung erleichtert wird (FRUWIRTH[4]).

Illegitime Bestäubung. Illegitime Bestäubung und Selbstbestäubung sind nicht ausgeschlossen. Schon HERMANN

MÜLLER[1]) schreibt: Bei Polygonum fagopyrum, dessen Heterostylie innerhalb seiner Gattung vereinzelt dasteht, daher erst bei dieser Art entstanden sein kann, sind die Blüten der Befruchtung mit eigenen Pollen ausgesetzt, wenigstens im Herbst viel weniger selbststeril als bei durchweg heterostylen Gattungen. Die illegitime Bestäubung führt zu wesentlich geringerem Fruchtansatz, zu leichteren Früchten und inferioren Nachkommen; Selbstbestäubung liefert höchstens geringen Ansatz. Die Versuchsergebnisse einiger Autoren hat FRUWIRTH übersichtlich zusammengestellt:

	Selbst-bestäubung	legitime	illegitime
		Bestäubung	
DARWIN[10])	—	100	46
KORSHINSKY u. MONTERERDE[11])	6 von 231 Pflanzen	112 von 207 Pflanzen	7 von 212 Pflanzen
RICHTER	—	93 } von 100 Blüten 76 }	7 von 32 Blüten
ALTHAUSEN	sehr geringer Ansatz	—	—
LEBEDIONZEW	Ansatz nicht oder sehr selten	100 100 100	50 17 57

Unter Netz wurde von FRUWIRTH und von KORSHINSKY kein Ansatz erzielt; bei zwei Versuchen mit räumlicher Isolierung erhielt FRUWIRTH[4]) in einem Jahre keinen Ansatz, im zweiten acht taube Früchte und eine Frucht mit Samen, der nicht keimte. Unbeeinflußte Samen setzen nach FRUWIRTH immer nur unvollkommen an. Die schwereren Früchte sind meist an der Hauptachse zu finden.

ALTHAUSEN erhielt bei illegitimer Bestäubung langgriffeliger Blüten nur langgriffelige Nachkommen; bei illegitimer Bestäubung kurzgriffeliger lang- und kurzgriffelige (14).

Blütenkalender. C. FRUWIRTH[4]) hat nach sorgfältigen Beobachtungen einen Blütenkalender für den Buchweizen aufgestellt. Das Blühen beginnt an der Hauptachse an dem gipfelständigen Blütenstand, dann folgen die übrigen Blütenstände in der Folge ihrer Stellung von oben nach unten, und an ihnen blühen die Blütenstände in gleicher Folge wie an der Hauptachse auf. Die Mehrzahl der Blüten blüht zwischen 7.30 und 8.30 (nach KORSHINSKY 7 und 8) Uhr morgens. Die ersten beginnen um 7 Uhr früh aufzugehen, die letzten um 11 Uhr. In einer einzelnen um 7 Uhr aufblühenden Blüte stäuben die Beutel nach und nach von 7.30 bis gegen 8 Uhr morgens und es schließt sich die Blüte zwischen 5 und 7 Uhr abends. Unbestäubte Blüten fand KORSHINSKY noch am nächsten Tag offen. Nach FRUWIRTHS Beobachtungen blüht etwa die

Hälfte der Blüten eines Tages am nächsten Tage, dann zu späterer Stunde noch einmal auf. Eine ganze Pflanze blüht in 32 Tagen ab, wenn nicht stärkere Feuchtigkeit die Blühdauer verlängert. In der Knospe ist bereits die verschiedene Stellung der Beutel sichtbar; die drei Beutel, welche um den Griffel stehen, kehren die Seite, an welcher der Faden angewachsen ist nach innen, die fünf anderen Beutel nach außen; die Fäden der ersteren sind zu dieser Zeit länger. Das Aufspringen der Pollensäcke erfolgt auf der vom Faden abgewendeten Seite durch einen Längsriß jeden Sackes. Die drei Staubblätter, welche sich nahe dem Griffel befinden, wenden daher die pollenbedeckte Seite ihrer Beutel nach außen; die fünf übrigen strecken die Beutel, deren pollenbedeckte Seite nach innen zu steht, weit vom Griffel ab.

Same und Keimung

Gesamtanalysen

H_2O Ungeschält	N-Subst.	N-freie Extrakte	Fett	Rohfaser	Asche
13·27	11·41	58·79	2·68	11·44	2·38 [15])
Geschält	10·2	71·1	1·90	1·65	1·86
	10·18	71·73	1·90	—	[16])
Buchweizenkleie*)	9 bis 11	—	2 bis 3	33 bis 35%***)	
Buchweizenkeime**)	43·75	—	8·40	3·50	[16])

Die Hauptmasse der N-freien Extraktstoffe wird durch die Stärke eingenommen, welche bis zu 67% des lufttrockenen Samens ausmachen kann (SUKADOFF[18]) stellte 65·5% Stärke bei einem Wassergehalt von 15·3% fest).

Von anderen Kohlehydraten wird Sacharose genannt (1 bis 2%[17]) Dextrin ist in einer Menge von 4 bis 5% vorhanden. Über die Verteilung des Lezithins im Buchweizensamen berichtet E. SCHULZE[19]). Die Meinung STOKLASAS, daß der Lezithingehalt eiweißreicher Samen größer sei als der Lezithingehalt eiweißärmerer Samen, würde am Buchweizen keinen Widerspruch finden.

---

*) Die Kleie besteht aus Fruchtschalen, Samenhäutchen, Teilen des Keimes und des Mehlkörpers.

**) Die Keime sind nur durch ein besonderes Mahlverfahren zu gewinnen.

***) Der Rohfasergehalt der Kleie ist sehr hoch, deswegen geringer Futterwert!

Vergleichende Übersicht des Lezithingehaltes verschiedener Samen, in Prozenten der Trockensubstanz

Buchweizen	0·47%
Lein	0·88%
Sonnenblume	0·44%
Lupine	1·55 bis 1·59%

Die Natur der im Buchweizensamen enthaltenen Eiweißstoffe wurde zuerst von RITTHAUSEN studiert. Die Hauptmasse der Proteinkörper wurde von RITTHAUSEN als Glutenkasein bezeichnet. Diese Eiweißsubstanz ist weder mit dem Glutenkasein der Gramineen, noch mit dem Legumin der Erbsen identisch. Es löst sich schwierig in reinem, leicht in kalihaltigem Wasser (aus einem Buchweizenmehl wurden durch RITTHAUSEN 5·65% Buchweizenkasein gewonnen, wovon 2·60% aus wässeriger, 3·05% aus alkalischer Lösung zu erhalten waren). Besonders gut löslich ist die Substanz in basischphosphorsauren Salzen, besonders des Kalis, verhältnismäßig leicht löst sie sich in konzentrierter Essig- und Salzsäure, schwer in niederer Konzentration dieser Säuren. Die alkalischen Lösungen können durch Säuren unverändert gefällt werden, das Buchweizenkasein nimmt hiebei, wie schon BENCE JONES[20]) nachgewiesen hat, keine Spur von Salz-Essig-Schwefelsäure auf, was auch RITTHAUSEN bestätigt. Das Buchweizenkasein besitzt nach RITTHAUSEN die Zusammensetzung C 50·16, H 6·80, N 17·43, S 1·51, O 24·10. Durch seinen größeren Gehalt an Schwefel ist es vom Legumin, durch seinen geringen Gehalt an Kohlenstoff vom gewöhnlichen Eiweiß verschieden. In seinen physiologischen Eigenschaften steht es indessen dem Erbsen- und Bohnenlegumin sehr nahe. Über das Glutenfibrin des Buchweizens berichtet FLEURENT[21]).

Samenenzyme. Näher studiert wurde bisher nur das Enzym Maltase[22]). Es stellt sich heraus, daß die Maltase in zwei Formen auftritt, in einer wasserlöslichen „Untermaltase" (*Optimum 55°*) und in wasserunlöslicher Maltase.

Giftige Substanzen. Auch im Samen des Buchweizens kommt eine giftige Substanz vor, die für weiße Mäuse, Kaninchen, Meerschweinchen bei nachfolgender Belichtung schädlich wirkt (Fagopyrismus[23]).

Aschenanalyse

(Anteil der Asche am Aufbau des Samens 1 bis 2%, nach WOLFF 1·73%)

K_2O	Na_2O	CaO	MgO	Fe_2O_3	P_2O_5	SiO_2
23·07	6·12	4·42	12·42	1·74	48·67	0·23

In der Asche prädominiert demnach P_2O_5, die bis zu 50% ansteigen kann. Es folgen K_2O, MgO, CaO. Kupferanalysen wurden von VEDRÖDI[24]) und LEHMANN[25]) ausgeführt. Ersterer fand 0·640 *g* auf 1 *kg* Substanz, letzterer nur 0·0059 *g*. Der größte Teil der Phosphorsäure (zirka 96%) ist in anorganischer Bindung vorhanden[26]). Der größte Teil des in Nährgeweben vorgefundenen Schwefels dürfte wohl den Eiweißsubstanzen angehören, womit die Erfahrung übereinstimmt, daß proteinarme Samen weniger Schwefel als proteinreiche Nährgewebe aufzuweisen haben, wie sich aus folgendem Vergleich ergibt:

Proteinarm	Proteinreich
Fagopyrum 2·11	Lupinus 8·57

Prozent Schwefel (als SO_3 berechnet)

Aus verschiedenen, im physiologischen Teil erörterten Gründen ist eine Übersicht über den Chlorgehalt verschiedener Samen von Interesse.

	Cl	Na_2O
Fagopyrum . . .	1·30%	6·12%
Beta vulgaris . .	10·79%	15·58%
	4·14%	9·19%
Winterweizen . .	0·32%	2·7%

Berichte zur Keimungsphysiologie

Vergleichende Übersicht der Quellungsenergie

Die lufttrockenen Samen und Früchte nehmen durchschnittlich an Wasser auf:

Weizen.	45·5%
Roggen	48·2%
Buchweizen.	46·9%
Mais	40·0%
Erbsen.	106·8%

[27])

Lebensdauer der Samen

Aus einer Tabelle von F. Haberlandt[28]) scheint hervorzugehen, daß der Buchweizen rasch altert.

	12 Jahre		11 Jahre		10 Jahre		9 Jahre		7 Jahre		6 Jahre		5 Jahre	
	%	Keimdauer in Tagen	%	Keimdauer in Tagen	%	Keimdauer in Tagen	%	Keimdauer in Tagen	%	Keimdauer in Tagen	%	Keimdauer in Tagen	%	Keimdauer in Tagen
Runkelrübe	56	7·7	0	0	2	5	88	6	6	2	90	4·2	100	4·6
Buchweizen	—	—	0	0	—	—	6	5	1	6	4	4·7	9	3·1

Einfluß der Temperatur auf die Buchweizenkeimung.

Die Keimung erfolgt mit dem Hervorbrechen des Würzelchens beim Buchweizen in Tagen bei

4·38° C	10·25° C	15·75° C	19° C
8	4·5	3·5	3

[28])

Über die Hitzeresistenz des Buchweizens

Ausgehaltene Wärmegrade

Ohne vorhergehende Einquellung

	Kontrolle	5 stündige Wirkung				10 stündige Wirkung			
		30°	40°	50°	55°	30°	40°	50°	55°
Weizen	98	96	88	60	—	97	90	1	—
Buchweizen .	79	—	—	3	—	24	16	2	—
Runkelrübe .	76	—	—	31	9	59	38	22	1
Nach vorausgegangener 24 stündiger Einquellung									
Weizen	—	96	80	22	—	90	44	—	—
Buchweizen .	—	—	—	—	—	23	—	—	—
Runkelrübe .	—	—	—	19	—	41	32	18	—

Resistenz gegen die photodynamische Wirkung fluoreszierender Farbstoffe

F. Merkenschlager[29]) berichtet von einer auffallenden Resistenz der Buchweizensamen gegen Eosin, das in einer Konzentration von 1 : 10.000 im Licht tagelang gegen die Wasserkontrolle kaum nachteilig war.

Stimulationsbäder. G. Paspaleff[30]) führte das Popoffsche Stimulationsverfahren an Fagopyrum durch, und zwar an den zwei Spielarten marginatum und rotundatum. Die besten Resultate gab eine Badedauer von zwei Stunden in *Magnesiumsalzen*. Alle Samen, welche länger in der Lösung gehalten wurden, fingen nach der Auskeimung sehr bald zu welken an. Mangansalze wirkten am besten bei einer Konzentration von fünf bis acht Stunden bei F. rotundatum, bei F. marginatum beträgt (wegen der stärkeren Samenhülle) die Badedauer am besten acht Stunden. Bei Anwendung von Jodverbindungen ergaben sich schon nach zehn Tagen augenfällige Unterschiede. Alle Versuche zeigten in übereinstimmender Weise, daß die aus stimulierten Pflanzen gewonnenen Samen eine größere Lebenszähigkeit besitzen als die Kontrollsamen. Paspaleff will sich in späteren Untersuchungen der nach meiner Ansicht sehr heiklen Frage zuwenden, ob diese größere Lebensfähigkeit der besseren Ausreifung der Samen von stimulierten Pflanzen zuzuschreiben ist oder ob sie als Ausdruck einer Nachwirkung der Stimulation in der zweiten Generation anzusehen ist.

Es mag in diesem Zusammenhang darauf hingewiesen werden, daß das Gewand der Samen außerordentlich häufig zerreißt. Die Kanten platzen auf und der Mehlkörper drängt sich hervor. Es ist dies vielleicht der Ausdruck eines späten Vegetationsaufschwunges, weil die mangelhaft angelegten Fruchtknoten mit der Belebung der Vegetation nicht gleichen Schritt zu halten vermögen. Das Aufspringen der Früchte benachteiligt die Keimfähigkeit außerordentlich. Von 100 aufgesprungenen Samen keimten innerhalb 4·4 Tagen nur 5%, von 100 geschlossenen aber 82% innerhalb derselben Zeit.

Morphologie des Samens. Auf einem Samenquerschnitt erkennt man mit bloßem Auge den S-förmig gezogenen Embryo mit seinen gefalteten dünnen Kotyledonen (Abb. 9). Der Samen füllt die Frucht vollständig aus, er ist eiförmig dreikantig auf den Flächen mit je einer sehr seichten oder fast verschwindenden Längslinie; Ecken spitzlich bis stumpflich.

Abb. 8

Die Fruchtfarbe ist durch verschieden starke Ablagerungen von Farbstoffen in der Epidermis und in der unter derselben lagernden Zellschicht bedingt. Am Nabel zeigt sich eine kleine runde Fläche rötlich gefärbt. FRUWIRTH[4]) fand in Handelsware die Farben Schwarzbraun, Graubraun, Hellbraun im Verhältnis 40 : 34 : 26 verteilt. Häufig erhält unser Auge einen grünlichgelben Farbeneindruck. Die Buchweizenfrucht ist eine einsamige, dreikantige, zuweilen auf den Kanten geflügelte Schließfrucht. Sie ist von einem tief fünfteiligen, fast dreiblättrigen Kelch umgeben. Der Kelch mißt etwa ein Drittel bis ein Viertel der Fruchtlänge. Seine Zipfel sind breitlich und stumpf gerundet. Die Frucht ist 5 bis 6 *mm* lang, die Flächen 2·8 bis 3·2 *mm* breit, meist schwach nach außen gewölbt, häufig von einer undeutlichen medianen Längslinie durchzogen[31]). Die drei scharfen Fruchtkanten zeigen eine Flügelandeutung. PULLMAN[4]) hat auf die verschiedengradige Kantigkeit der Frucht aufmerksam gemacht. (Zwei- bis vier-, fünfkantige Früchte neben dreikantigen.) ALTHAUSEN glaubt im Gegensatz zu PULLMAN Varietäten und Zwischenvarietäten mit Hilfe dieser Merkmale isolieren zu können.

PULLMAN hatte nach sechs Auslesen ohne geschlechtliche Trennung bei einzelnen Pflanzen bis zu 40% vierkantige Früchte erzielt. Mit seinem Material setzte FRUWIRTH drei weitere Jahre hindurch die Auslese fort. Nach dreimaliger Auslesung waren acht Pflanzen mit nur dreikantigen, elf mit drei- und einigen vierkantigen und eine Pflanze mit drei- bis vier- und einem fünfkantigen, neben viel dreikantigen Früchtchen vorhanden.

Samengewicht. 100 Stück großer Früchte wiegen 1·9345 *g*. Es kommen demnach auf 1 *kg* zirka 51.693 Stück. 40 bis 43 Gewichtsprozente bestehen aus dem Perikarp und 47 bis 60% aus dem eigentlichen Samen. Als die leichtesten Früchte erweisen sich nach FRUWIRTH[18]) die hellbraunen (hellbraune Körner (100) wogen 1·511, schwarzbraune 2·064 und graubraune 2·078 *g*). Doch standen die hellbraunen Körner den andersfarbigen an Keimfähigkeit und Produktion grüner Masse nicht wesentlich nach.

Dauer der Keimfähigkeit des Buchweizens in fließendem Wasser

Quellzeit in Stunden. Mittlere Keimzeit in Tagen.

	1		2		3		4		5		7		9	
	%	Keimzeit	%	Keimzeit	%	Keimzeit	%	Keimzeit	%	Keimzeit	%	Keimzeit	%	Keimzeit
Buchweizen	94	3·04	98	2·79	28	4·05	84	3·74	72	5·75	54	4·93	74	5·96
Runkelrübe	92	5·32	100	2·68	100	3·96	100	3·96	40	9·10	88	4·36	92	5·17
	11		13		18		23		28		39		49	
Buchweizen	26	9·61	14	11·43	—	—	—	—	—	—	—	—	—	—
Runkelrübe	80	5·75	64	9·18	88	4·0	80	6·0	86	8·14	2	5·84	64	5·95

Zumeist gaben bei gewöhnlichem Buchweizen die schwarzbraunen, bei silbergrauem Buchweizen die dunkelsilbergrauen die massenwüchsigeren Pflanzen. Bei silbergrauem Buchweizen findet man auch Früchte mit dunkler, in Rechtecken auftretender Marmorierung; derartige Früchte waren zwar schwer, lieferten aber wenig Keimpflanzen, und die erwachsenden Pflanzen standen an Wüchsigkeit etwas zurück gegenüber den aus hell- und dunkelsilbergrauen Früchten.

Anatomie des Samens. Ein Querschnitt durch eine Fruchtkante läßt vier Zellschichten erkennen (Abb. 10).

1. Die Oberhaut, welche aus langgestreckten, 8 μ breiten und zirka 60 μ langen Zellen mit spiralig-netzig verdickten Wänden besteht.

2. Eine mächtig entwickelte Sklerenchymschicht (Mittelschicht) (0·05 bis 0·11 *mm* dick), welche aus drei bis sechs Reihen verdickter, gelber prosenchymatischer Zellen gebildet wird. (Diese Zellen erreichen in den Fruchtkanten ihre größte Mächtigkeit und nehmen zur Mitte der Fruchtfläche hin etwas ab. Sie fehlen dort nicht, wie Gr. Kraus meint.)

An vereinzelten Stellen, besonders in der Nähe der Gefäßbündel, folgt auf der Innenseite dieser Schicht eine der Längsachse parallel verlaufende Schicht von Prosenchymzellen. Hierauf folgt 3. die braunrote Parenchymschicht, 0·042 bis 0·062 *mm* breit (drei bis sechs Reihen isodiametrischer Parenchymzellen, in denen zuweilen Überreste von Chlorphyll und selten auch Stärke anzutreffen sind). Endlich 4. die Innenepidermis, welche aus ursprünglich weiten, zur Zeit der Reife stark komprimierten Zellen von 22 bis 33 μ Länge besteht. Häufig führen die Zellmembranen der Innenepidermis eine tiefbraune Farbe. In der Flächenansicht sind die Oberhautzellen langgestreckt, spiralig-netzförmig verdickt und zum Teil Farbstoff führend; sie liegen über mehrreihigem prosenchymatischen Sklerenchym von porös verdickten, fest ineinander verkeilten Bast- und Steinzellen.

Der Gesamtdurchmesser der Fruchtwand beträgt im Durchschnitt 0·14 *mm*. Das mediane Gefäßbündel jeder der drei Fruchtflächen ragt nach innen etwas vor und bewirkt dadurch bei dem der inneren Fruchtwand dicht genährten Samen eine seichte Längsrinne von zirka 20 bis 24 *mm* Tiefe.

Die Samenhaut. Die Samenhaut bildet ein zartes Häutchen und besteht aus zwei Zellschichten: *a*) aus der großzelligen (Zellen 20 bis 33 μ breit, 55 bis 95 μ lang, 14 bis 30 μ tief) Oberhaut mit gelblichbraunen, wellig geschlängelten Zellwänden, wobei die nach außen gerichteten Membranen etwas stärker verdickt sind als die übrigen; *b*) aus dem Schwammparenchym (drei Lagen dünnwandiger, rötlichbrauner, oft sternförmig komprimiert erscheinender Zellen). Die Samenhaut (Testa) besteht demnach aus viel Zellreihen, von denen die beiden äußeren dem Außen-, die beiden inneren dem Innenintegumente entsprechen dürften (Harz[31]).

Das Perisperm. Daran schließt sich eine einreihige, aus unregelmäßig polyedrischen Zellen (19 μ lang, 11 μ breit) bestehende Zellschicht, Aleuronschicht. Die Membranen der Zellen sind schwach gequollen, glashell, sie führen reichlich Eiweiß, keine Stärke. An den Stellen, wo der Embryo die Peripherie erreicht, sind sie schmäler oder wohl auch verschwunden. Endlich folgt das großzellige, dünnwandige, den Keim umschließende Schwammparenchym, dessen Zellen ausgesprochen radiär gestreckt und angeordnet, polygonal, 0·056 *mm* breit und tief, bis 0·196 *mm* lang sind. Dadurch, daß die Zellen sich sehr leicht voneinander trennen, läßt sich der Mehlkörper des Buchweizens widerstandslos zu Pulver zerreiben.

Die Buchweizenstärke. Das besondere Kennzeichen der Buchweizenstärke ist die zentrale Höhlung (Kernhöhle). Die Stärkekörner des Buchweizens sind sehr kleine rundliche oder eckige Körnchen von meist 0·004 bis 0·006 *mm* Durchmesser, welche oft zu sternförmigen Aggregaten zusammengelagert sind.

Der Embryo. Der Embryo liegt zentral. Die wellenförmig gebogenen, blattartigen Kotyledonen zeigen sich im Querschnitt bandförmig. Sie bestehen aus sechs bis acht Reihen kleiner, isodiametrischer Parenchymzellen. Der Querdurchmesser eines Kotyledo beträgt 0·14 *mm*. Gegen 40 Kambiumstränge durchziehen die einzelnen Samenlappen der Länge nach. Eine Pallisadenschicht ist in den Samenlappen durch eine Reihe 28 bis 30 μ langer Zellen angedeutet. Der Achsenteil des Embryo besitzt zahlreiche peripherisch angeordnete Safträume. Alle Zellen des Embryo sind reich an Eiweiß.

Mißbildungen und Krankheiten des Buchweizens

H. de Vries[32]) beschreibt eine Buchweizenpflanze, an der dicht unterhalb des Gipfels zwei aufeinanderfolgende Blätter mit ihrem Ochreae auf der einen Seite des Stengels verwachsen waren. Demzufolge waren die Stipelbildungen geöffnet, statt in sich geschlossen, und das dazwischen lagernde Internodium war gestaucht und tortiert (Figur). Im übrigen sind verkürzte Internodien nicht seltener. Aber gewöhnlich ist die Verkürzung nicht von einer Verwachsung der Blätter und einer Torsion begleitet.

Vergrünte Blüten vom Buchweizen wurden ebenfalls von H. de Vries beschrieben. An den Keimpflanzen ist Synkotylie sehr häufig (Penzig[33]).

Nach Blaringhem treten nach Abschneiden der Hauptachse an den Seitenzweigen häufig Störungen in der Blattstellung auf (auch Verbänderung und Umbildung der Spreiten). Eine Mißbildung der Blüten am Buchweizen gab Veranlassung zur irrtümlichen Aufstellung einer neuen Art. Eine Form mit stark vergrößertem, oben offenem sterilen Ovar ist nämlich von Loiseleur und Deslongchamps[34]) als neue Art Polygonum pyramidatum beschrieben worden. GODRON fand in ähnlich verbildeten Pistillen auch noch einen zweiten Kreis offener Karpelle und im Zentrum als Rest des Ovulums, einen fadenförmigen Körper[33]). BLARINGHEM sah polymere Blüten, welche dann vier- bis sechskantige Früchte hervorbrachten.

ALTHAUSEN erwähnt grüne, geschlossen bleibende Kronblätter. Keine der Mißbildungen hat praktische Bedeutung für die Züchtung. Auch bei den Vergrünungserscheinungen wurde Erblichkeit nicht beobachtet. Im Jahre 1893 wurde ein epidemisches Auftreten von Vergrünungen am Buchweizen bemerkt. Angeblich kann die Erscheinung durch Impfung übertragen werden (PERITSCH), so daß man wohl oder übel eine parasitäre Ursache annehmen muß.

Parasitäre Krankheiten. Keimlingskrankheit, hervorgerufen durch Phytophtora omnivora. Äußere Symptome: Braune Flecken. Die Sporen des Erregers sind 0·050 bis 0·060 *mm* lang, 0·035 *mm* dick. Die Eisporen sind kugelig (etwa 0·028 *mm* im Durchmesser), ihre Membran ist glatt und gelbbraun. Die Sporenträger sind schlaff, dünn, wenig verzweigt.

Von pilzlichen Erkrankungen der Buchweizenpflanze sind besonders drei zu nennen: 1. Ascochyta fagopyri Bresad, 2. Phyllosticta polygonorum Sacc., 3. Fuscicladium fagopyri Ond.[35]).

Äußere Symptome der drei Pilzkrankheiten.

Ascochyta fagopyri Bresad. Kreisrunde Flecke von 5 bis 9 *mm* im Durchmesser. Dunkel gerandet, oberseits lederbraun, unterseits blasser. Die Fruchtgehäuse (0·13 bis 0·14 *mm* Durchmesser) sind auf der Blattoberseite zerstreut.

Sporenform und Größe

	Sporenform	Länge der Sporen *mm*	Dicke *mm*
Ascochyta fagopyri	Zylindrisch länglich, zuweilen etwas gekrümmt, farblos, zweizellig, etwas eingeschnürt	0·016—0·018	0·006—0·007
Phyllosticta polygonorum	einzellig, kugelig-eiförmig, farblos	0·004	0·002–0·0025
Fuscicladium fagopyri	eiförmig, hell, olivenbraun, 1- oder 2 zellig	0·014	0·009

Phyllosticta polygonorum. Die Flecke unterscheiden sich von Ascochyta dadurch, daß sie von einem hellroten Rande umgeben sind.

Fuscicladium fagopyri (besonders in Holland häufig) bringt braune Flecke hervor (Sporenträger aufrecht oder gebogen, ein- bis zweizellig, von olivenbräunlicher Farbe, 0·070 bis 0·080 *mm* hoch, 0·007 *mm* dick).

Nicht selten ist auch auf Buchweizen die Sklerotienkrankheit. Auf braunen, weichen Flecken bilden sich schwarze, harte, bis zu 5 *mm* große Pilzkörper (Sklerotien) von Sklerotinia fuckeliana.

Tierische Schädlinge:

Tylenchus devastatrix, das Stengelälchen, ruft die Stockkrankheit hervor. Krankheitsbild: Die Pflanze bleibt in ihrer Entwicklung zurück, ihre Internodien sind verkürzt und von mürber Beschaffenheit, die Blütenstände verkümmern. An den Blättern und Stengeln fressen folgende Insekten:

Plusia gamma	Ypsilon-Eule
Agrotis tritici	Weizen-Eule
Trachea atriplicis	Melden-Eule
Anomala aenea	Julikäfer

An den Blüten bringen zwei Arten von Blasenfüßen Verletzungen hervor:

Anthothrips aculeata
Physopus atrata

An den Wurzeln fressen die Raupen von

Agrotis tritici
Agrotis segetum

Zur Kulturgeschichte des Buchweizens

Der Buchweizen ersetzt in den nördlichen Gebieten Rußlands, in höher gelegenen Landstrichen Bulgariens und Griechenlands fast vollständig das Getreidekorn. (Verarbeitung zu Grieß, Grütze, Mehl). Seine Bedeutung in den Heidegegenden Deutschlands ist groß genug, um ihn in die Reihe der wichtigeren deutschen Kulturpflanzen aufzunehmen.

Der gemeine Buchweizen stammt aus dem nördlichen Ostasien, wo er im Amurgebiet, in der Mandschurei und am Baikalsee wild vorkommt. Er gelangte erst spät nach Europa, wird im 15. Jahrhundert zuerst erwähnt, verbreitete sich dann im 16. Jahrhundert schnell und hat sich besonders rasch in den Heidegegenden eingebürgert (Heidekorn). Ob die bei Harz[31]) skizzierte Vermutung, daß der Weg des Buchweizens aus dem Orient über Griechenland führte, zu Recht besteht, darf bezweifelt werden. In der älteren Literatur fand ich eine Notiz von Wiesner[36]), welcher angibt, daß sich in orientalischen

Papierproben vom 9. bis 19. Jahrhundert einige Male ein aus Buchweizenmehl hergestellter Stärkekleister nachweisen ließ, freilich ein dürftiger Beitrag zur Kulturgeschichte des Buchweizens. — Über die Durchführung einer Veredelungszüchtung ist bisher nichts bekannt geworden. Neben Kornertrag, Kornform und Korngröße wird für viele Gegenden eine Abkürzung der Blühperiode Zuchtziel sein.

Deutsche Volksnamen für den Buchweizen: Sarazenisches Korn, Heidekorn, Gricken, Blende, Haden, Heidekrütze, Dodel (fränkisch).

Fremdländische Namen: Blé Sarrasin, Blé noir, Seigle Vellar, Rouge Herbe (franz.), Common Buckwheat (engl.).

Synonyma: Polygonum fagopyrum, Fagopyrum vulgare, erectum Tournef., Fagotriticum Banh.

Nichtchemische Untersuchungen, welche sich mit Buchweizen als Kulturpflanze befassen, liegen kaum vor. Anbauversuche von FRUWIRTH lassen nur den Zusammenhang zwischen Langlebigkeit, größere Produktion an grüner Masse oder Stroh und geringerer an Körner erkennen. ALTHAUSEN stellte positive Korrelation fest zwischen Höhe, Anzahl und Dicke normaler Stengelglieder, Stengeldicke unter dem ersten Knoten, Länge des Blütenstandes, Anzahl der Teilblütenstände und Früchte, Gesamtgewicht aller vollen und der leeren Früchte, Strohgewicht und Kornprozentanteil, weniger deutlich Einzelkorngewicht und negative Korrelation zwischen Länge der Pflanze und der nächstniederen Achse.

Fagopyrum tataricum soll auf eine eigenartige Weise zur Würde einer Kulturpflanze gekommen sein. TH. ENGELBRECHT[37]) stellte 1916 die Theorie auf, daß Fagopyrum tataricum ein Beispiel dafür sei, wie ein Kulturgewächs (F. sagittatum, ENGELBRECHT hat die Verhältnisse im höheren Himalaja im Auge) durch ein begleitendes Unkraut ersetzt worden sei. H. BROCKMANN-JEROSCH[38]) hat sich diese Auffassung von ENGELBRECHT, daß „aus dem Unkraut wirklich das Kraut geworden" sei, gestützt auf seine Beobachtungen in Puschlar, ebenfalls zu eigen gemacht. K. WEIN[39]) hat entschieden gegen diese Kombinationen Stellung genommen und hat seine ablehnende Haltung wohl begründet.

Literatur zu V

[1]) BAUER, R., Flora, 115, 1922, S. 291. — [2]) WARBURG, Die Pflanzenwelt, Leipzig und Wien 1923, S. 530. — [3]) KUNTZE, Flora, 1880, S. 292. — [4]) FRUWIRTH, Handb. der Landw. Pflanzenzüchtung, Berlin 1918, Bd. III, S. 113. — [5]) KIRCHNER, Flora von Stuttgart, 1888, S. 213. — [6]) ALEFELD, Bot. Ztg., 1863, S. 339. — [7]) STEVENS, Botanic. Gazette, LIII, 1912. — [8]) TISCHLER, Biol. Zentralbl., 1918, S. 401. — [9]) HERMANN MÜLLER, SCHENK, Handb. d. Bot., I, S. 86. — [10]) DARWIN, The different forms of flowers on plants of the same species,

London 1877. — 11) KORSHINSKY und MONTEVERDE, Bot. Ztg., 1900, S. 167. — 12) RICHTER, Compt. rend. de l'Acad., Paris 1904, S. 302. — 13) LEBEDIONZEW, Selskoie Khosimistro i Liesodovostow. — 14) ALTHAUSEN, Journ. f. exp. Landw., 1908, S. 568, russisch, Resumé deutsch. — 15) WIDSOE und TOLLENS, Ber. Chem. Ges., 1900, 33, 143. — 16) KÖNIG, Die Untersuchung landw. und gewerbl. wichtiger Stoffe, Berlin 1906, S. 322. — 17) SCHULZE, E., und FRANKFURT, Z. phys. Chem., 1895, 20, S. 11. — 18) SUKADOFF, Just. Jahresbericht, 1879, I, p. 85. — 19) SCHULZE, E., Landw. Vers. Stat., 1897, 49, 203. — 20) BENCE JONES, Annal. d. Chem., Bd. 40, 65. — 21) FLEURENT, Compt. rend., 1896, **126**, 357. — 22) HENRE, Compt. rend., 1909, 148, 1526. — 23) OHMKE, Zentralbl. für Physiologie, 1909, 22, 685. — 24) VEDRÖDI, Chem. Ztg., 183, 17, 1923. — 25) LEHMANN, Arch. Hyg., 24, 3. — 26) SCHLAGDENKAUFFEN und REEB, Compt. rend., 1902, **35**, 205. — 27) NOBBE, Handb. d. Samenkunde, S. 119. — 28) HABERLANDT, F., Der allg. landw. Pflanzenbau, Wien 1879. — 29) MERKENSCHLAGER, F., Keimungsphysiologische Probleme, Freising 1924. — 30) PASPALEFF, G., „Zellstimulationsforschungen", 1924, Berlin, Heft 2, S. 149. — 31) HARZ, Landw. Samenkunde, 2, 1885, S. 1102. — 32) H. de VRIES, Jahrb. f. wiss. Bot., Bd. 23, 1892, S. 121. — 33) PENZIG, O., Pflanzen-Teratologie, 2. Aufl., Berlin, Bd. 3, 182. — 34) LOISELEUR und DESLONGSCHAMPS, Nouvell. Not., Paris 1829, S. 19. — 35) KIRCHNER, O., Die Krankheiten und Beschädigungen unserer Kulturpflanzen, Stuttgart 1906, S. 114. — 36) WIESNER, Ref. in Bot. Ztg., 1888, S. 480. — 37) ENGELBRECHT, TH., Geogr. Zeitschr., XXII, 1916, S. 334. — 38) H. BROCKMANN-JEROSCH, Vierteljahrsschrift Naturforsch. Ges. Zürich, LXII. — 39) WEIN, K., Österr. Bot. Zeitschr., 74. Jahrg., Nr. 1 bis 3, 1925.

Manz'sche Buchdruckerei, Wien IX

Verlag von Julius Springer, Wien und Berlin

Seit 1. Januar 1926 erscheint:

Fortschritte der Landwirtschaft

Herausgegeben unter ständiger Mitwirkung der landwirtschaftlichen Lehrkanzeln an der Hochschule für Bodenkultur in Wien, der Landwirtschaftlichen Versuchsanstalten Österreichs, der Agrikulturchemischen, des Botanischen, des Chemischen Institute, sowie der Südwestdeutschen Forschungsanstalt für Milchwirtschaft, der Hochschule für Landwirtschaft und Brauerei und der Bayrischen Landesanstalt für landwirtschaftliches Maschinenwesen in Weihenstephan bei München.

Schriftleitung: Professor Dr. Hermann Kaserer und Dr.-Ing. Rudolf [illegible]

Erscheint halbmonatlich

Preis vierteljährlich 6.60 Schilling, 4 Reichsmark

Der Inhalt ist in nachstehende Hauptteile gegliedert:

Originalarbeiten, darunter Versuchsergebnisse des Acker- und Pflanzenbaues, der Fütterungslehre und Tierzucht, Arbeiten aus dem Gebiete der landwirtschaftlichen Betriebslehre, der Landarbeitslehre und Maschinenverwendung, der Agrikulturchemie, der landwirtschaftlich-chemischen Technologie und des Molkereiwesens sowie der Grundwissenschaften (Chemie, Botanik, Physik usw.), soweit sie mit der Landwirtschaft unmittelbar zusammenhängen.

Beschreibung von landwirtschaftlichen Maschinen und Geräten.

Ergebnisse von Untersuchungen neuartiger Hilfsmittel der Landwirtschaft, wie Dünger, Pflanzenschutzmittel u. dgl., sowie andere Veröffentlichungen von landwirtschaftlichen Versuchsanstalten. Zusammenfassung von wichtigen Ergebnissen in den einzelnen Spezialgebieten der Landwirtschaft. Sammelberichte über den jeweiligen Stand von Theorie und Praxis; alles in gedrängter Form. Für jene Interessenten gebracht, die sich nicht mit den betreffenden Spezialgebieten eingehend zu befassen vermögen, jedoch über die Ergebnisse orientiert zu werden wünschen.

Vorträge über wichtigere Gebiete aus landwirtschaftlichen Körperschaften.

Aus dem Grenzgebiete. Diese Rubrik soll Anregungen aus der Medizin, der Naturwissenschaft und der Technik für die Landwirtschaft vermitteln.

Tierärztliche Mitteilungen.

Aus der Praxis. Anregungen und Winke praktischer Art, insbesondere für die Durchführung von Versuchen im Gesamtgebiete der Landwirtschaft.

Aus Archiven und Zeitschriften. Kurze Berichte über den Inhalt der führenden landwirtschaftlichen und landwirtschaftlich-technischen Zeitschriften sowie jener Abhandlungen in anderen Zeitschriften, welche für den Landwirt und den landwirtschaftlichen Techniker von Bedeutung sind.

Buchbesprechungen.

Kleine Mitteilungen.

Industrieberichte.

Verhandlungsberichte landwirtschaftlicher und wissenschaftlicher Vereine.